浙江省普通本科高校"十四五"重点立项建设教材
浙江省普通高校"十三五"新形态教材
国家级线上一流本科课程"工程力学"配套教材

Engineering Mechanics

工程力学

吴昌聚 ◎主编

ZHEJIANG UNIVERSITY PRESS
浙江大学出版社 | 国家一级出版社
全国百佳图书出版单位
·杭州·

图书在版编目(CIP)数据

工程力学 / 吴昌聚主编. — 杭州：浙江大学出版社,2023.3(2024.10重印)

ISBN 978-7-308-23268-5

Ⅰ. ①工… Ⅱ. ①吴… Ⅲ. ①工程力学 Ⅳ. ①TB12

中国版本图书馆 CIP 数据核字(2022)第 216862 号

工程力学

吴昌聚　主编

责任编辑	王　波	
责任校对	吴昌雷	
封面设计	春天书装	
出版发行	浙江大学出版社	
	（杭州市天目山路 148 号　邮政编码 310007）	
	（网址：http://www.zjupress.com）	
排　　版	杭州晨特广告有限公司	
印　　刷	杭州宏雅印刷有限公司	
开　　本	787mm×1092mm　1/16	
印　　张	16.25	
字　　数	358 千	
版 印 次	2023 年 3 月第 1 版　2024 年 10 月第 2 次印刷	
书　　号	ISBN 978-7-308-23268-5	
定　　价	49.00 元	

前　言

本教材包括静力学和材料力学两部分,研究构件在外力作用下的平衡、变形和破坏的规律,为设计既经济又安全的构件提供必要的理论基础和计算方法。

静力学部分的核心是平面任意力系模块。平面任意力系的特例包括平面汇交力系、力偶系和平面平行力系。平面任意力系向三维拓展就成了空间任意力系。空间任意力系的分析思路与平面任意力系相似,因此在本教材中不单独讲述,在需要用到空间任意力系知识点时再展开阐述。此外,平面任意力系模块还包括桁架、重心和摩擦模块。

材料力学部分可分为强度模块、刚度模块和稳定性模块。这三个模块首先都需要实现安全性。强度模块分为拉伸压缩强度、剪切挤压强度、扭转强度、弯曲强度、复杂应力状态强度、应力状态分析和强度理论。刚度模块分为轴的扭转刚度和梁的弯曲刚度。稳定性模块即压杆稳定。

在强度、刚度和稳定性满足安全性的前提下,还需要考虑经济性问题。强度模块对应的是杆的合理拉压强度设计、合理剪切挤压强度设计,轴的合理扭转强度设计,梁的合理弯曲强度设计;刚度模块包括轴的合理扭转刚度设计和梁的合理弯曲刚度设计;稳定性模块对应的是压杆的合理稳定性设计。

根据上述思路,静力学部分包括静力学基本概念与物体的受力分析、平面任意力系的简化及平衡问题、桁架—摩擦—重心。材料力学部分包括材料力学基础、轴向拉伸与压缩、圆轴扭转、梁的弯曲内力、梁的弯曲应力与弯曲强度、梁的弯曲变形与弯曲刚度、应力状态分析、复杂应力状态强度问题、压杆稳定。

本教材由浙江大学工程力学教研组多位教师合作而成。第1章、第2章、第5章、第6章由吴昌聚编撰;第3章由刘德钊编撰;第8章由李建平编撰;第4章由吴昌聚、朱林利编撰;第9章由吴昌聚、李建平编撰;第10章由吴禹编撰;第7章、第11章由李华编撰;第12章由李华、朱林利编撰;第13章由朱林利编撰。实验视频由李振华提供,部分图由杨雨欣绘制。全书由吴昌聚统稿审定。

由于编者水平有限,书中难免存在一些不足之处,恳请读者批评指正。

编　者

2023 年 2 月

本教材同步
MOOC

目录 /Contents

第1章

绪　论

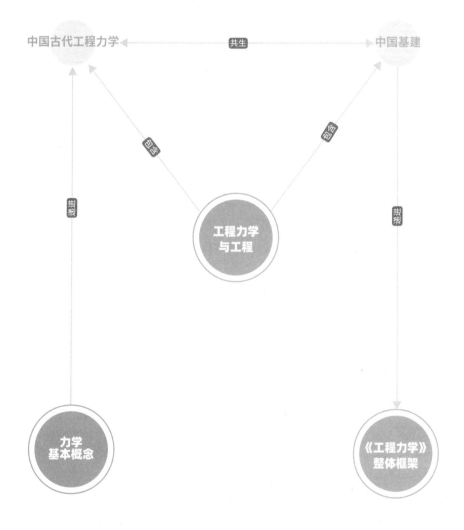

中国古代工程力学 ←— 共生 —→ 中国基建

包含

包含

共振

共振

工程力学
与工程

力学
基本概念

《工程力学》
整体框架

绪论

本章讲述力学的基本概念,通过古代与现代工程案例阐述工程与力学之间的关系,最后介绍这本《工程力学》教材的整体框架。

课前小问题:

王充(公元 27 年—约公元 97 年)在《论衡·效力篇》中提到,"古之多力者,身能负荷千钧,手能决角伸钩,使之自举,不能离地",为什么"身能负荷千钧,手能决角伸钩"的大力士"自举不能离地"?

1.1 力学基本概念

何谓力?墨子(约公元前 468—公元前 376)提出了"力,刑之所以奋也"(《墨子·经上》),意思是力是物体改变运动状态的原因。需要指出的是,只有外力才有可能改变物体运动状态,内力不能改变物体本身的运动状态,无论内力多大。"身能负荷千钧,手能决角伸钩"的大力士,其手和身体其他部位之间的作用力属于内力,因此"自举不能离地"。墨子还首次将重量看作一种力,"力,重之谓;下、与,重奋也"(《墨子·经说上》)。此外他还阐述了杠杆原理,"衡,加重于其一旁,必捶,权重相若也。相衡,则本短标长。两加焉重相若,则标必下,标得权也"(《墨子·经说下》);对数学中的圆进行定义,"圜,一中同长也"(《墨子·经上》);对小孔成像进行研究,"景,光之人,煦若射,下者之人也高,高者之人也下"(《墨子·经说下》)。2016 年 8 月 16 日,我国一颗以墨子的名字命名的量子科学实验卫星发射成功,以纪念他的科学成就。

"十二五"力学学科发展规划中指出力学是关于力、运动和变形的科学(**基本定义**),研究自然界和工程中复杂介质的宏/微观力学行为(**研究对象**),揭示机械运动及其与物理、化学、生物学过程的相互作用规律(**研究任务**),是构成人类科学知识体系的重要组成部分(**力学地位**)。

力学在生活和工程中无处不在。例如,一场大雪后,校园里出现大面积断枝,如图1.1 所示。断枝的出现和树的种类、树枝修剪模式、积雪的分布等都有关系,这属于**弯曲内力**、**弯曲应力**和**弯曲变形**的问题。

"墨子号"
量子卫星

图 1.1 大雪过后出现的断枝

如图 1.2 所示,埃菲尔铁塔塔高 300m,天线高 24m,总高 324m,建成时是当时世界上最高的建筑物。该塔设计时考虑了诸多力学问题,包括:(1)三种桁架元结构:由下至上,逐渐简化、轻巧,合理分配了结构件的强度和刚度(**桁架问题**);(2)"穿孔效应"减小风载:风可以穿越结构件间的空隙,实际风载比设计值小得多,因而有很大的安全系数(**载荷问题**);(3)下粗上细结构:类似于等强度梁,提高抗弯强度(**弯曲应力问题**)。

图 1.2 埃菲尔铁塔

变硬币魔术

同心结魔术

掷骰子魔术

还有生活中的诸多小魔术,如视频中的"变硬币""同心结""掷骰子"等,无不体现了力学原理。

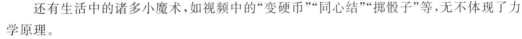

1.2 工程力学与工程

一般来说,工程力学包括结构力学、理论力学、材料力学。广义的工程力学还包括水力学、岩石力学、土力学等。因此,工程力学也可以说是应用于工程实际的各门力学学科的总称。在工程力学里,工程和力学的关系非常密切。一方面,力学原理应用于工程系统,力学研究成果改进工程设计思想。另一方面,工程实践又给力学提出新的研究课题。中国古代和现代在工程力学方面都有许多成功的应用案例,取得了辉煌的成就。

一、中国古代工程力学应用案例

都江堰(图 1.3)始建于秦昭襄王(公元前 325—公元前 251)末年,是蜀郡太守李冰父子在前人基础上组织修建的大型水利工程,是全世界迄今为止,年代最久、唯一留存、仍在一直使用、以无坝引水为特征的宏大水利工程。都江堰的鱼嘴、宝瓶口、飞沙堰的结构设计,完美运用了工程流体力学的知识,实现了灌溉和排洪的双重作用。

《人类的记忆——中国的世界遗产》青城山—都江堰

图 1.3 都江堰

《考工记》出于《周礼》,是中国春秋战国时期记述官营手工业各工种规范和制造工艺的文献。《考工记·辀人篇》有记载"劝登马力,马力既竭,辀犹能一取焉",即马拉车的时候,马虽然对车不再施力了,但车还能继续前进一段路。这描述的就是惯性现象。我国东汉时期的经学家和教育家郑玄(127—200)在为《考工记·弓人》(图 1.4)注释时提出:"假令弓力胜三石,引之中三尺,每加物一石,则张一尺",清楚地阐述了弓的**弹力和弦变形量的正比关系**。

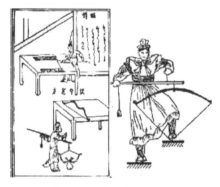

图 1.4 《考工记·弓人》

喷气式飞机

"艾火令鸡子飞"是西汉刘安(公元前 179—公元前 122)及其宾客编入《淮南万毕术》的一个物理实验,寥寥六字,对后世产生了巨大而深远的影响。《太平御览》(由李昉等学者编撰,始于 977 年,成书于 983 年)注释说:"取鸡子,去其汁,然艾火,纳空卵中,疾风因举之飞。"意思是将鸡蛋一端开一个孔,倒出蛋黄与蛋白,然后点燃艾绒,使蛋壳里的气体受热膨胀向外排出,蛋壳"飞"了起来。这可以说是现代**喷气推进原理**的雏形。

虹吸原理

《营造的故事》—赵州桥

南朝宋时期的历史学家范晔(398—445)在《后汉书·宦者传·张让》中提到,"又作翻车渴乌,施于桥西,用洒南北郊路,以省百姓洒道之费",即一种隔山取水的力学装置——渴乌。唐朝杜佑(735—812)在《通典》中对于渴乌的描述是,"渴乌隔山取水,以大竹筒去节,雄雌相接,勿令漏洩,以麻漆封裹,推过山外,就水置筒,入水五尺。即于筒尾取松桦乾草,当筒放火,火气潜通水所,即应而上"。宋朝徐光启(1562—1633)对渴乌有过进一步的解释,"今之过山龙(渴乌)必上水高下水,则可为之,至平则止"。渴乌所用的是**虹吸原理**。

赵州桥建成距今已 1400 多年,经历了 10 次水灾、8 次战乱和多次地震,都没有被破坏,如图 1.5 所示。从工程力学角度分析,其主要采取了以下几条措施。(1)敞肩结构:河汛时实现分流,减小横向载荷。(2)斜纹结构:每块拱石的侧面都凿有细密斜纹,以增大摩擦力,加强横向联系。(3)下宽上窄拱结构:使每个拱向里倾斜,增强其横向联系,以防止拱石向外倾倒。(4)腰铁结构:在两侧相邻拱石之间穿有起连接作用的"腰铁"。

（a）敞肩结构　　　　　　　　　　　（b）腰铁结构

图 1.5　赵州桥

赵州桥的
建造工艺

释迦塔,建于 1056 年,塔高 67.31m,历经数次地震不倒。2016 年,获吉尼斯世界纪录,被认定为世界最高木塔。释迦塔(图 1.6)在结构设计上考虑了以下因素。(1)双层套桶式结构:两个内外相套的八角形,将木塔平面分为内外槽两部分,内外槽之间多根梁纵向横向相连接,构成刚性强的双层套桶式结构,大大增强了木塔的抗倒伏性能(**压杆稳定问题**)。(2)暗层结构:每两层之间设有暗层。历代加固过程中,在暗层内增加许多弦向和经向斜撑,暗层有效提高塔身抗弯抗剪和抗震能力(**剪切、弯曲强度问题**)。(3)斗拱连接:斗拱把梁、柱、枋连成整体,斗拱之间非刚性连接。受大风、地震等水平力作用时,木材之间产生一定位移和摩擦,可吸收和损耗部分能量,起到调整变形作用(**弯曲变形问题**)。

（a）释迦塔外貌　　（b）双层套桶式结构　　（c）暗层结构　　（d）斗拱连接

图 1.6　释迦塔

《营造法式》是李诫(1035—1110)编成的北宋官方颁布的一部建筑设计、施工的规范书,是我国古代最完整的建筑技术书籍(图 1.7),标志着中国古代建筑技术已经发展到了较高阶段。书中提到梁尺寸的设计,"凡梁之大小,各随其广分为三分,以二分为厚"。这句话的意思是梁横截面高宽比应该为 3∶2,这是**梁弯曲强度和弯曲刚度的合理设计问题**。

梁思成与
《营造法式》

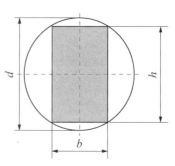

图 1.7　李诚及《营造法式》

港珠澳大桥

天眼

二、中国现代工程力学的辉煌成就

进入 21 世纪以来,中国从基建大国逐渐变成基建强国,出现了许许多多的高新技术和举世瞩目的工程结构,如世界最长跨海大桥——港珠澳大桥(图 1.8),成为中国新名片的高铁技术(图 1.9),实现"从无到有的自主之路"到"从有到优的腾飞之路"的盾构技术(图 1.10),具有我国自主知识产权、世界最大单口径、最灵敏的"天眼"(500m 口径球面射电望远镜,Five-hundred-meter Aperture Spherical Telescope,FAST)(图 1.11),造岛神器"天鲸号"(图 1.12),体量超过全世界所有现役航空母舰、为港珠澳大桥的建成立下汗马功劳的"振华 30"起重船(图 1.13),全球最大、钻井深度最深的海上钻井平台"蓝鲸 2号"(图 1.14),我国首台自主设计、自主集成研制、设计最大下潜深度为 7000m 的作业型"蛟龙号"深海载人潜水器(图 1.15)。这些举世瞩目的基建成就离不开工程力学的理论指导,同时这些成就的取得也是工程实践不断给力学提出新课题、攻克新难题的结果。

图 1.8　港珠澳大桥

图 1.9　高铁

图 1.10　盾构机

图 1.11　天眼

图 1.12　天鲸号

图 1.13　振华 30

图 1.14　蓝鲸 2 号

图 1.15　蛟龙号

1.3　《工程力学》整体框架

综上所述,工程力学内容非常宽泛。本教材所述的工程力学包括静力学和材料力学两部分,研究构件在外力作用下的平衡、变形和破坏的规律,为设计既经济又安全的构件提供必要的理论基础和计算方法。

图 1.16 所示是这本《工程力学》教材的整体框架。教材围绕利用工程力学知识点进行工程结构设计这一主线,将工程力学分为静力学和材料力学两部分。静力学是研究物体平衡的科学,其核心是平面任意力系模块。平面任意力系的特例包括平面汇交力系、力偶系和平面平行力系。平面任意力系向三维拓展就成了空间任意力系。空间任意力系的分析思路和平面任意力系相似,因此在本教材中不单独讲述,在后续需要用到空间任意力系知识点时再简述。此外,平面任意力系模块还包括受力分析、桁架、重心和摩擦模块。

学习工程力学的主要目的是利用工程力学知识完成工程结构设计,这就需要材料力学知识。材料力学是研究构件(机械中结构或机构的组成部分)在外力作用下的变形和失效规律的科学。材料力学的任务是通过对构件承载能力的研究,找出构件的截面尺寸、截面形状及所用材料的力学性质与所受载荷之间的内在关系,为既安全可靠又经济节省地设计构件提供依据。

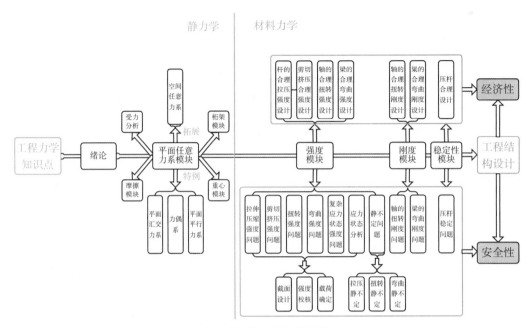

图 1.16 《工程力学》框架

材料力学部分可分为强度模块、刚度模块和稳定性模块。这三个模块首先都需要实现安全性,具体的问题可分为三类:校核、截面设计、载荷确定。强度模块分为拉伸压缩强度、剪切挤压强度、扭转强度、弯曲强度、复杂应力状态强度、应力状态分析和静不定问题。刚度模块分为轴的扭转刚度和梁的弯曲刚度。稳定性模块即压杆稳定。

强度、刚度和稳定性同时都需要考虑经济性问题:强度模块对应的是杆的合理拉压强度设计、合理剪切挤压强度设计,轴的合理扭转强度设计,梁的合理弯曲强度设计;刚度模块就包括轴的合理扭转刚度设计和梁的合理弯曲刚度设计;稳定性模块对应的是压杆的合理稳定性设计。

安全性和经济性的辩证统一关系贯穿始终是本教材的一大特色。同时,"案例牵引—理论解释—知识拓展"的讲解思路是本教材的另一特色。

第 2 章

静力学基本概念与物体的受力分析

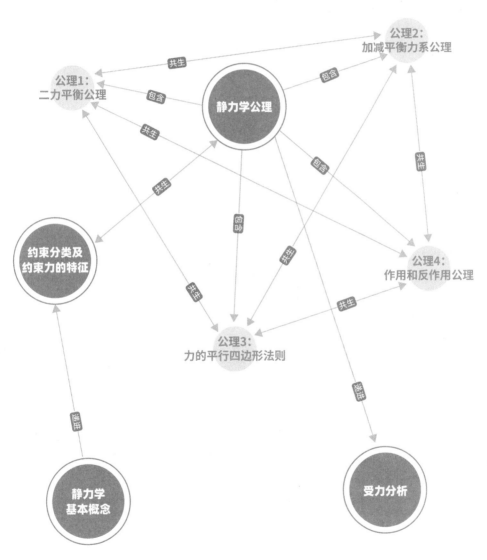

静力学基本概念与
物体的受力分析

　　本章首先阐述刚体、平衡、力系和约束等基本概念,再介绍约束的分类及其约束力的特征,然后介绍静力学基本公理,最后讲述物体受力分析的步骤,并通过解答生活中的受力分析问题强化本章内容。

火车压桥
抗洪

课前小问题:

1."磨刀不误砍柴工"的力学解释是什么?

2.江河大坝修成斜坡结构的目的是什么?

3.常见的拱桥为什么都是凸起的,很少是凹下去的?

4.扫二维码观看视频,说明千吨火车压桥抗洪的力学原理。

2.1　静力学基本概念

一、刚　体

　　在力的作用下,其内部任意两点之间的距离始终保持不变,这样的物体称为刚体。物体能否简化成刚体,取决于所研究问题的性质。

　　对于如图 2.1(a)所示的塔吊,在设计塔吊梁结构时需要研究其在外力作用下的变形量,此时不能把它当作刚体,而是当作变形体。当塔吊结构完成设计后并在满足强度、刚度和稳定性的条件下,研究其能够起吊多重的重物,塔吊结构的变形量可忽略,此时又可以把它当作刚体,如图 2.1(b)所示。**静力学的研究对象是刚体,材料力学的研究对象是变形体。**除非特别说明,本教材静力学部分所提到的物体都指的是刚体。

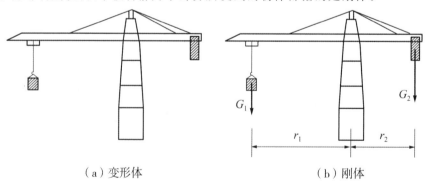

（a）变形体　　　　　　　　　　（b）刚体

图 2.1　塔吊模型不同的处理方式

二、平　衡

　　物体相对于惯性参考系保持静止或匀速直线运动的状态,称为平衡。**静力学在研究**

物体的平衡问题时,一般不涉及物体的运动。在研究滑动摩擦和滚动摩擦时,会涉及物体的运动,此时的运动分别是匀速直线运动和匀速滚动。

三、力　系

作用在物体上的一群力叫作力系。力系可以分为平面力系和空间力系。平面力系指的是力系中各力的作用线都在同一个平面内,空间力系指的是各力的作用线是空间分布的力系。平面力系又分为平面汇交力系、平面平行力系和平面任意力系。同理,空间力系也可分成空间汇交力系、空间平行力系和空间任意力系。

四、约　束

对所考察物体起限制作用的其他物体,称为约束。约束对物体的作用力称为约束力,或约束反力。"反"的意思就是阻碍物体运动,和物体的运动趋势是相反的。

约束反力的特点是:阻碍物体运动,作用点必然在约束和被约束物体的接触点,其方向总是与约束所阻碍的运动方向相反,大小需要通过主动力及受力分析才能算得。主动力指的是不受其他力影响的力,如物体的重力、弹簧弹性力、静电力和洛仑兹力等。

2.2　约束的分类及约束力的特征

一、柔性体约束

由皮带、链条和绳索等形成的约束属于柔性体约束。如图 2.2(a)所示的吊灯由链条吊住,简化受力图如图 2.2(b)所示,由于链条的本身只能承受拉力,因此对灯具的约束力也只可能是拉力。图 2.2(c)所示的右下角皮带轮所受皮带的约束反力如图 2.2(d)所示。柔性体约束的特征是:只限制物体沿柔索方向的运动。柔性体约束反力的特征是:作用在接触点,方向沿着绳索背离被约束的物体。

（a）　　　　　　　　　　　　　　（b）

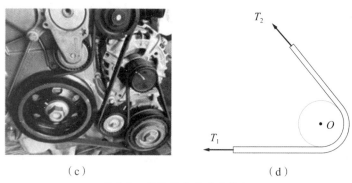

（c）　　　　　　　　　　　（d）

图 2.2　柔性约束及反力特征

二、光滑面约束

齿轮传动的两个齿轮之间的约束（如图 2.3（a）所示）属于光滑面约束。光滑面约束的特征是：**只限制物体沿公法线趋向于支承面方向的运动**。光滑面约束反力的特征是：**方位沿接触处的公法线方向，指向受压物体**，如图 2.3（b）所示。

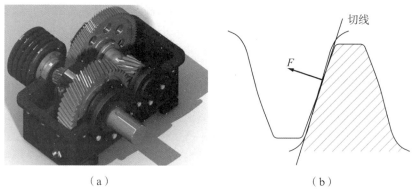

（a）　　　　　　　　　　　（b）

图 2.3　光滑面约束及反力特征

三、光滑铰链约束

光滑铰链约束采用圆柱销插入两个构件的圆孔而构成。工程中的桥梁支座就属于这类约束，如图 2.4（a）所示。

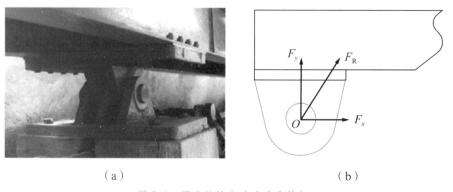

（a）　　　　　　　　　　　（b）

图 2.4　固定铰链支座及反力特征

光滑铰链约束可分为固定铰链约束、活动铰链约束、中间铰链约束。

（1）固定铰链约束

两个构件中有一个被固定作为支座，则这种约束称为固定铰链约束，也称为固定铰链支座，简称固定铰支。固定铰链约束的特征是：**只限制物体沿圆柱形径向的运动，不限制其轴向运动和绕轴线的转动**。约束反力的特征是：**方位沿销钉的径向，但指向是不确定的**。如图 2.4（b）所示，约束反力实际上是 F_R，但 F_R 方向随着外载荷的变化而变化，因此用两个互相垂直的分量 F_x 和 F_y 来表示。图 2.5 是固定铰链支座的简图。

（a）　　　　　　　　　　　　　（b）

图 2.5　固定铰链支座简图

（2）中间铰链约束

两构件用销钉连接，其中一个构件是另一个构件的约束，但两个构件均没有像固定铰链支座一样被固定，这种约束称为中间铰链约束，简称中间铰，如图 2.6（a）所示的剪刀。约束对所研究构件的约束力也用两个互相垂直的分量 F_x 和 F_y 来表示，如图 2.6（b）所示。

（3）活动铰链约束

桥梁结构还经常采用活动铰链支座。这种支座是在固定铰链支座和光滑支承面之间，安装辊轴而成，因此又被称为辊轴支座，如图 2.7（a）所示，受力简图如图 2.7（b）所示。

和固定铰链约束相比，**活动铰链约束只限制构件沿垂直于支承面方向的运动，约束反力通过铰链中心并垂直于支承面**。活动铰链的约束简化符号如图 2.8 所示。

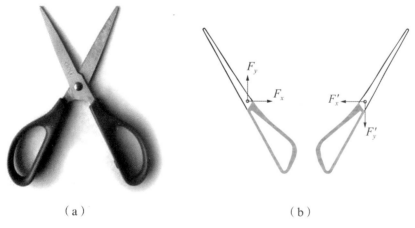

（a）　　　　　　　　　　　　　　（b）

图 2.6　中间铰链约束及反力特征

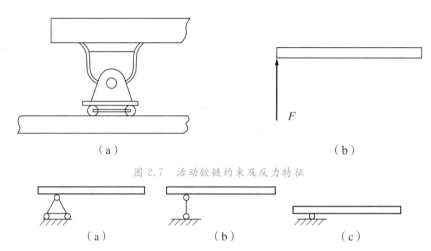

（a）   （b）

图 2.7 活动铰链约束及反力特征

（a）   （b）   （c）

图 2.8 活动铰链支座简图

　　为了避免热胀冷缩引起热应力，一般情况下，桥面和桥墩的连接是：一端固定铰链连接，一端活动铰链连接。受力分析如图 2.9 所示。

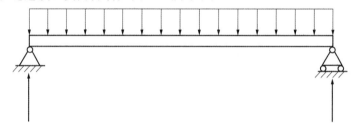

图 2.9 桥梁受力简图

　　在水面低于桥面时，桥面所受力的方向是垂直向下，即没有横向作用力。当河水上涨，水面漫过桥面时，水流对桥面的作用就属于横向载荷，但由于桥面一端是可动铰连接，则极有可能被洪水冲毁。用满载道砟的火车压在上面，增加垂直方向的作用力，也就增大了水平方向的摩擦力（第 4 章内容），从而提高了抵抗横向载荷的能力。这就是火车压桥抗洪的原理。

四、固定端约束

　　一个构件的一端完全固定在另一构件上，这种约束称为固定端约束。如图 2.10（a）所示的阳台。固定端既限制了构件的移动，也限制了构件的转动。通常用一对大小未知的正交分力 F_x、F_y 和一个力偶 M 来表示，如图 2.10（b）所示。为什么可以这样表示，将在第 3 章的平面任意力系的简化中进行详细阐述。

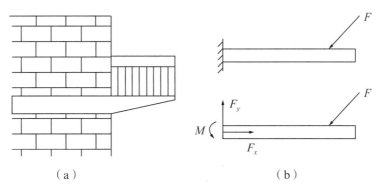

（a）　　　　　　　　　　　　　（b）

图 2.10　固定端约束及反力特征

思考题 1:《红楼梦》里,探春曾赋诗谜一首,诗曰:阶下儿童仰面时,清明装点最相宜。游丝一断浑无力,莫向东风怨别离。清朝吴友如著诗一首"只凭风力健,不假羽毛丰。红线凌空去,青云有路通。"请问这两首诗里面描述的物体所受的约束属于哪一类约束?

2.3　静力学公理

公理 1:二力平衡公理

作用在刚体上两个力,使刚体保持平衡的充要条件是:**这两个力大小相等,方向相反,且在同一条直线上**,如图 2.11 所示。

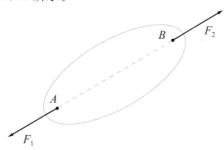

图 2.11　二力平衡示意图

由这个公理,引出二力构件的概念。如果构件自身重力与约束反力相比可忽略,则在两个约束反力作用下处于平衡的构件,就是二力构件,也称为二力杆。二力杆的受力特点是:**作用于二力杆的两个力必沿作用点的连线**。需要注意的是,二力杆并不一定是直杆。如图 2.12(a)所示的圆弧杆,是二力杆。如图 2.12(b)所示的折杆,也是二力杆。

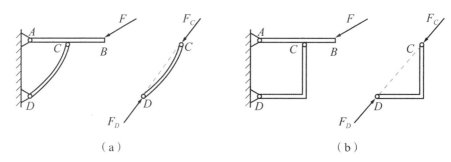

（a）   （b）

图 2.12　二力构件示意图

公理 2：加减平衡力系公理

若作用在刚体上的力系，可由另一个力系代替而不改变它对刚体的作用效应，则称这两个力系为等效力系。加减平衡力系指的是在刚体上施加或除去任意平衡力系，不影响原力系对刚体的作用效应。

由加减平衡力系公理还可以得到一个推论——力的可传性。**力的可传性指的是作用于刚体上某点的力，可以沿着它的作用线移到刚体内任意一点，并不改变该力对刚体的作用。**

力的可传性可以用图 2.13 来表示。力 F 作用在刚体的 A 点，如图 2.13（a）所示。在 F 的方向上加一平衡力系，即大小相等、方向相反，作用在同一点 B 上的一个力系，如图 2.13（b）所示。此时分别作用在 A 点和 B 点的两个大小相等、方向相反、作用在同一条线上的力组成一个新的平衡力系，可以抵消掉，如图 2.13（c）所示。对比图 2.13（a）和图 2.13（c），发现这个力已经从 A 点沿作用线方向移到了 B 点，但它对刚体的作用效应是一样的，这就是力的可传性。

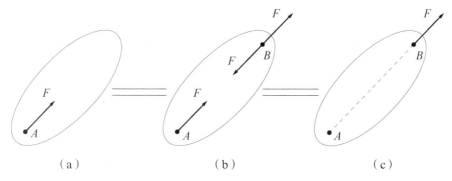

（a）   （b）   （c）

图 2.13　力的可传性

公理 3：力的平行四边形法则

力的平行四边形法则：作用在物体上同一点的两个力，可以合成为一个合力。合力的作用点也在该点，合力的大小和方向由这两个力为边构成的平行四边形的对角线确定。平行四边形法则也可称为三角形法则，如图 2.14 所示。

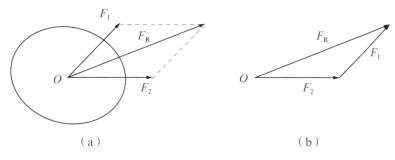

图 2.14　平行四边形法则或三角形法则

公理 4:作用和反作用公理

力的作用是相互的,物体 1 对物体 2 施加作用力,同时也必受到物体 2 的作用力,这就是作用力与反作用力。作用力与反作用力大小相等、方向相反且沿同一直线,分别作用在两个物体上。

2.4　受力分析

在进行受力分析前,先阐述解除约束原理。当受约束的物体在主动力的作用下处于平衡,若将其部分或全部的约束除去,代之以相应的约束力,则物体的平衡不受影响,这就是解除约束原理。

受力分析分以下两个步骤:(1)取分离体:把需要研究的物体(称为受力物体)从周围的物体(称为施力物体)中分离出来,单独画出它的简图,这个步骤叫作取研究对象或取分离体;(2)画受力图:把施力物体对研究对象的作用力(包括主动力和约束反力)全部画出来,这种表示物体受力的简明图形,称为受力图。

例 2.1

如图 2.15(a)所示,梯子 AB,重 G,搁在水平地面和铅垂墙面上,D 点用一水平绳与墙面相连。画出梯子 AB 的受力图。

解:

第一步,取分离体,取 AB 为研究对象。

第二步,画主动力,题中主动力就是重力 G。

第三步,画约束反力。墙面和地面对 AB 的约束反力均属于光滑面约束,根据光滑面约束反力的特点——垂直于光滑支承面且指向被约束的物体,可以画出约束反力 F_A 和 F_B。绳子对 AB 的作用力属于柔性体约束,用 F_D 表示,如图 2.15(b)所示。

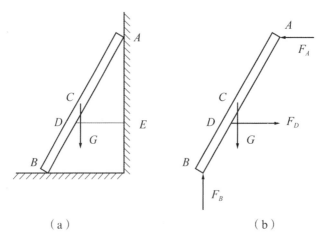

（a）   （b）

图 2.15

"磨刀不误砍柴工"也可以用受力分析进行合理解释。如图 2.16 所示,设刀尖劈的纵截面是一个等腰三角形 ABC,劈背宽度 AB 为 d,劈侧面长度 AC 为 l。砍刀能把柴劈开的基本原理是:刀砍在柴上的力 F 有两个分力 F',在这两个分力 F' 作用下把柴劈成两半。尖劈宽度 d、尖劈侧面长度 l 和 F、F' 之间的关系根据相似关系可得:

$$F' = \frac{l}{d}F$$

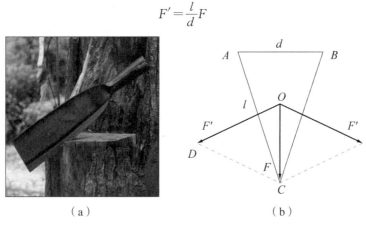

（a）   （b）

图 2.16　尖劈示意图及受力图

经过磨刀后,d 变小,同时 l 也变小,但 l/d 变大,从而 F' 变大,即砍柴就更容易。这就是"磨刀不误砍柴工"的力学解释。

例 2.2

有一小车陷在泥潭里出不来,现派出一辆救援车,从救援车尾部引出两条绳索,分别吊在泥潭里的车和旁边的一棵树上。开始时小车与树相距 12m,救援车的牵引力为 $F=$ 400N,沿与绳垂直的方向拉动,如果中点被匀速拉过 0.6m,如图 2.17 所示。假设绳子的伸长量可忽略不计,求汽车受到的拉力。

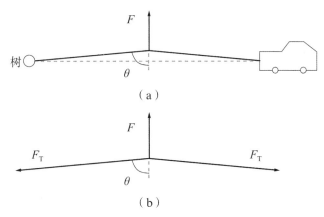

图 2.17　泥潭拉车

解：

由力的分解可得：

$$\left.\begin{array}{l}F=2F_{\mathrm{T}}\cos\theta\\\cos\theta=\dfrac{0.6}{6}\end{array}\right\}\longrightarrow F_{\mathrm{T}}=\dfrac{F}{2\cos\theta}=2000\mathrm{N}$$

从上式可看出，救援车只需要 400N 的力就可以在汽车上产生 2000N 的拉力，因此很容易把汽车从泥潭里拉出来。

江河大堤设计成斜坡的理由也可以用受力分析来解释。潮水对堤坝的作用力主要是压力。水的压力垂直于堤面。坡度为 45° 和 60° 的堤坝在 F 作用下的分力如图 2.18 所示。根据力的分解结果，对于同样大小的水压力 F，60° 的斜坡的横向分力要小于 45° 的斜坡，而竖向分力则相反。横向压力小有利于提高堤面防剪切错位的安全性；竖直向下的力越大，堤坝基底与堤坝的静摩擦力越大，堤坝越安全。因此堤坝一般设计得比较平缓。

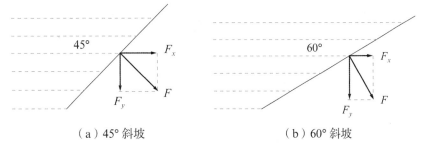

（a）45° 斜坡　　　　　　　（b）60° 斜坡

图 2.18　堤坝受力示意图

拱桥通常设计成向上凸而不是下凹，这是为何？当汽车经过向上凸拱桥时，受到向心力作用，而向心力由重力 G 和拱桥对汽车约束反力 F_{N} 的合力产生，指向圆心，所以 $F_{\mathrm{N}}<G$，如图 2.19(a) 所示。对于向下凹形拱桥，同样是 G 和 F_{N} 的合力产生向心力，同样指向圆心，所以 $F_{\mathrm{N}}>G$，如图 2.19(b) 所示。即对于同样重量的汽车，设计成凸形拱桥，汽车对拱桥的作用力小于其自重；而如果设计成凹形拱桥，汽车对拱桥的作用力大于其自重。

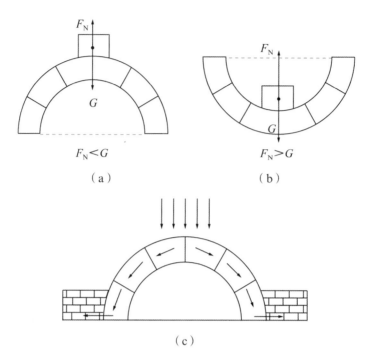

图 2.19 拱桥中的力学问题

此外,凸拱能将桥上受到的力分解到桥的两边,也就是桥的基座,如图 2.19(c)所示;而凹形拱桥不能做到这一点,反而会使力集中到桥心,桥容易塌陷。

思考题 2:举重运动员双手间距应怎样合理布置? 试用受力分析加以解释。

思考题 3:为什么"壮汉握不破鸡蛋"?

习 题

2.1 画出以下各题中 AB 梁的受力图(没有注明重力的构件表示重力忽略不计)。

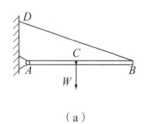

(a)

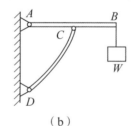

(b)

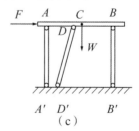

(c)

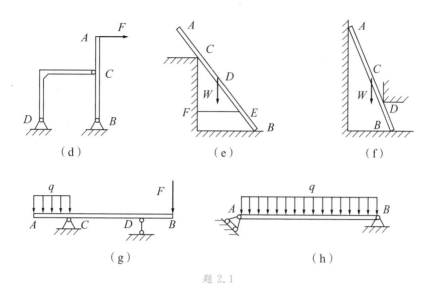

（d）　　　　　　　（e）　　　　　　　（f）

（g）　　　　　　　　　　　（h）

题 2.1

2.2　画出下列各物体（不包括销钉与支座）的受力图（没有注明重力的构件表示重力忽略不计）。

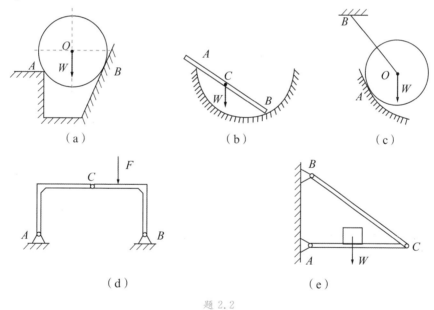

（a）　　　　　　　（b）　　　　　　　（c）

（d）　　　　　　　　（e）

题 2.2

2.3　画出各个部分的受力图（没有注明重力的构件表示重力忽略不计）。

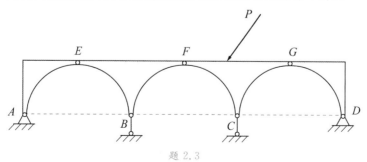

题 2.3

第 3 章

平面任意力系的简化及平衡问题

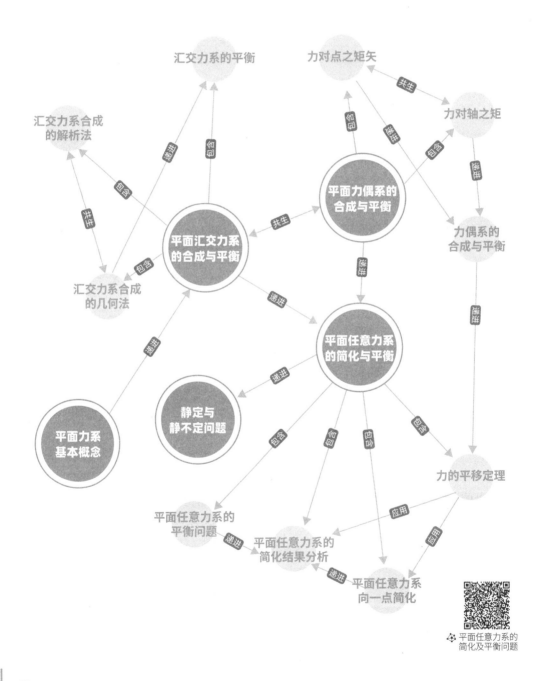

平面任意力系的
简化及平衡问题

本章首先阐述平面力系的基本概念,然后介绍平面汇交力系的平衡与合成、平面力偶系的平衡与合成、平面任意力系的简化和平衡,最后分析静定和静不定问题。

课前小问题:

　　1.请问划船时如何避免船只原地打转?

　　2.铁锤钉钉子,钉子常常容易被钉弯,原因是什么?

　　3.道路上的许多路灯做成双头,从力学方面考虑有何好处?

　　4.打乒乓时,旋转球产生的力学原理是什么?

乒乓球女单
半决赛:孙颖
莎横扫伊藤
美诚

3.1　平面力系基本概念

一、平面汇交力系

　　在平面力系中,各力的作用线或作用线的延长线都在一个平面内且汇交于一点的力系称为平面汇交力系(图 3.1)。

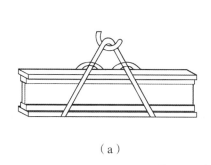

（a）

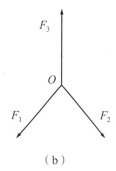

（b）

图 3.1　平面汇交力系

二、平面平行力系

　　在平面力系中,各力的作用线或作用线的延长线都在一个平面内且相互平行的力系称为平面平行力系。如图 3.2 所示,运动员—吊环系统所受的力组成的力系就可简化为平行力系。

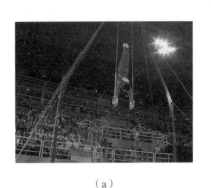
（a）

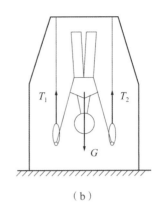
（b）

图 3.2 平面平行力系

三、力偶与力偶系

作用于刚体上大小相等、方向相反且不共线的两个力构成力偶,作用于刚体上的一群力偶称为力偶系。力偶在生活中无处不在,机械加工螺纹时的攻丝过程(图 3.3(a))、汽车行驶过程中的打方向盘(图 3.3(c))。力偶的两个力 F、F' 所在平面称为力偶作用面,二力作用线之间的距离称为力偶臂,用 d 表示,如图 3.3(b)和 3.3(d)所示。作用于自由刚体上的力偶对刚体产生绕质心转动效应。

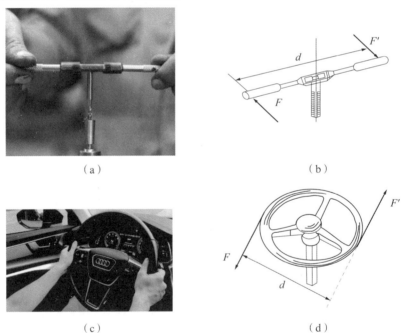

（a）

（b）

（c）

（d）

图 3.3 力偶系

四、平面任意力系

各力的作用线在同一平面内,既不完全汇交于一点又不完全平行的力系称为平面任意力系,如图 3.4(a)所示的钱塘江大桥,受力简图如图 3.4(b)所示。

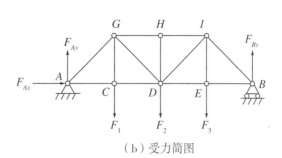

（a）钱塘江大桥   （b）受力简图

图 3.4 平面任意力系

3.2 平面汇交力系的合成与平衡

一、汇交力系的合成

1.汇交力系合成的几何法

作用在刚体上同一点的两个力，可以合成为一个合力。根据第 2 章的内容，合力的作用点也在该点，合力的大小和方向，由这两个力为边构成的平行四边形的对角线确定，如图 3.5(a)所示，这就是力平行四边形法则。由力矢 F_1 和 F_2 构成的三角形 OAB 称为力三角形，如图 3.5(b)所示。运用力三角形求合力的方法称为力三角形法则。

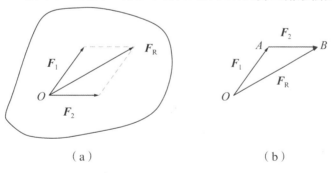

（a）   （b）

图 3.5 两个力的合成

如果力个数多于两个，则由力系中各力的力矢首尾相接构成开口多边形，由开口的力多边形起点指向终点的封闭边即为合力矢。这种求合力的方法称为力多边形法则。如图 3.6 所示，多边形 $OABCD$ 为力系的力多边形，OD 称为此多边形的封闭边，表示此平面汇交力系合力 F_R 的大小与方向，而合力的作用线仍应通过 O。因此，汇交力系可合成为一个作用于汇交点的合力，合力的力矢由力多边形的封闭边表示。通过画出力多边形求合力的方法称为几何法。

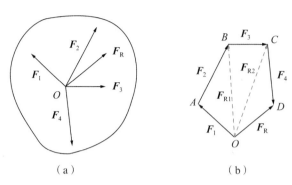

（a）   （b）

图 3.6　几何法合成多个力

2.汇交力系合成的解析法

平面汇交力系的求解，除了几何法之外，经常采用的还有解析法。通过力矢在坐标轴上的投影来完成力系合成的方法，称为解析法，也叫投影法。

力矢在坐标轴上的投影是解析法的基础。如图 3.7(a)所示，设有力 F 与 x 轴共面，由力 F 的始端 A 点和末端 B 点分别向 x 轴作垂线，垂足为 a 和 b，则线段 ab 的长度冠以适当的正负号就表示力 F 在 x 轴上的投影，记为 F_x。如果从 a 到 b 的指向与 x 轴的正向一致，则 F_x 为正值。反之为负值，如图 3.7(b)所示。力 F 与 x 轴正向间的夹角为 α，则力 F 在 x 轴上的投影为：$F_x = F\cos\alpha$。

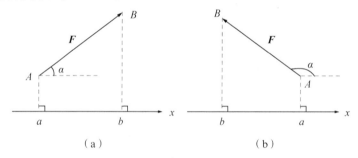

（a）   （b）

图 3.7　力矢在坐标轴上的投影

力矢在平面上的投影也可以有类似的表达。如图 3.8所示，由力 F 的始端 A 点和末端 B 点分别向 xy 平面作垂线，垂足为 a 和 b，则矢量 ab 称为力 F 在 xy 平面上的投影，记为 F_{xy}。F_{xy} 是矢量，其大小为：$F_{xy} = F\cos\alpha$。

二、汇交力系的平衡

三力平衡汇交定理：当刚体受到同平面内互不平行的三力作用而平衡时，三力的作用线必汇交于一点。如图 3.9所示，F_1 和 F_2 的合力 F_{12} 必过两力的交点 O，根据第1章的二力平衡公理，F_3 要和 F_{12} 平衡，必然过同一点 O，三力平衡汇交定理得证。

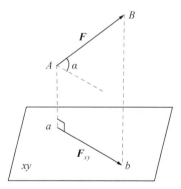

图 3.8　力矢在平面上的投影

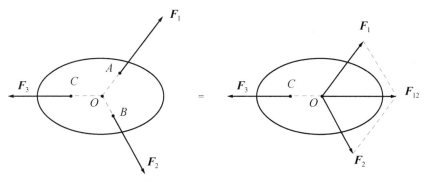

图 3.9 三力平衡汇交示意图

需要注意的是,三力作用线汇交于一点只是刚体在平面互不平行三力作用下平衡的必要条件,而非充分条件。平面汇交力系平衡的必要和充分条件是:**力系的合力等于零。**即平面汇交力系的平衡条件可写成矢量表达式:

$$\sum_{i=1}^{n} \boldsymbol{F}_i = 0 \tag{3.1}$$

平面汇交力系的平衡条件常用几何形式或解析形式表示。汇交力系的合力矢是以各分力矢为边构成的多边形的封闭边。若合力为零,表明力多边形中最后一个力矢的末端与第一个力矢的始端重合,如图 3.10 所示,即平面汇交力系平衡的几何条件是:**力系的力多边形自行封闭。**

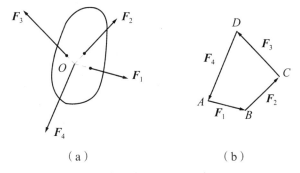

（a） （b）

图 3.10 汇交力系平衡的几何条件示意图

如果用各分力投影表示合力 F_R 的大小,则:

$$F_R = \sqrt{\left(\sum F_x\right)^2 + \left(\sum F_y\right)^2} \tag{3.2}$$

平面汇交力系平衡,即 $F_R = 0$,则需满足以下方程:

$$\begin{cases} \sum F_x = 0 \\ \sum F_y = 0 \end{cases} \tag{3.3}$$

因此,平面汇交力系平衡的解析条件是:**该力系的合力等于零,即力系中各力在互相垂直的两个坐标轴上投影的代数和分别等于零。**

一般对于只受三个力作用的物体,且角度特殊时用几何法求解比较简便。而对于受多个力作用的物体,多采用解析法。解析法中,投影轴常选择与未知力平行或垂直,最好使每个方程中只有一个未知数。此外,解析法解题时,力的方向可以任意假设,如果求出负值,说明力方向与假设相反。对于二力构件,一般先假设为拉力,如果求出负值,说明构件受压力。

例 3.1

边长为 a 的直角弯杆 ABC 的 A 端与固定铰链支座连接,C 端与杆 CD 用销钉连接(图 3.11(a))。而杆 CD 与水平线夹角为 $60°$,略去各杆重量。沿 BC 方向作用已知力 $F=60\text{N}$。求 A、C 两点的约束力。

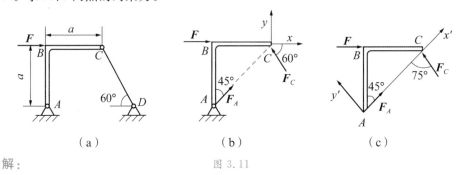

（a）　　　　　　　（b）　　　　　　　（c）

图 3.11

解:

(1)选取直角弯杆 ABC 为研究对象。

(2)画出直角弯杆的受力图,如图 3.11(b)所示。其中 F 为已知主动力。CD 为二力构件,C 点约束力 F_C 沿 CD 方向,其指向按图示假设。A 点为固定铰链支座,其约束力 F_A 的方向事先不能确定。当弯杆只在 ABC 三处作用三个力并处于平衡,且 F 和 F_C 交于 C 点时,根据三力平衡汇交原理,A 点约束力 F_A 的作用线必然要过 C 点,其指向按图 3.11(b)所示假设。

(3)利用平衡条件求解。本题用平衡的解析条件,为此选定坐标系 Cxy,如图 3.11(b),列出两个平衡方程。

$$\begin{cases} \sum F_x=0, & F+F_A\sin45°-F_C\cos60°=0 \\ \sum F_y=0, & F_A\cos45°+F_C\sin60°=0 \end{cases}$$

联立可解得:$F_A=-53.79\text{N}$,$F_C=43.92\text{N}$。负值表示力的指向与假设的方向相反。

注:本题也可采用 $Ax'y'$ 坐标系进行平衡方程计算,如图 3.11(c)所示。

例 3.2

如图 3.12(a)所示的结构,已知 $P=10\text{kN}$,不计各杆自重。求杆 BC 所受的力以及固定铰链支座 A 处的约束力。

解:

(1)选取结构整体为研究对象。

(2)作受力图,如图 3.12(b)所示。其中 P 为已知主动力。BC 为二力构件,C 点约束力 F_{CB} 沿 CB 方向,其指向按图示假设。A 点为固定铰链支座,其约束力 F_A 的方向事先不能确定。整个结构作用有三个力并处于平衡,根据三力平衡汇交定理,F_A 的作用线必

然要过 F_{CB} 和 P 的作用线的交点,其指向按图示假设。三力构成汇交力系。

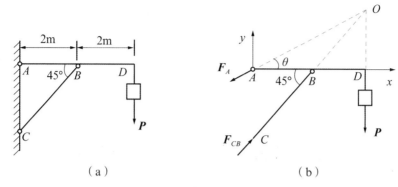

图 3.12

(3)选取图示投影轴系 Axy,列平衡方程:

$$\begin{cases} \sum F_x = 0, & F_{CB}\cos45° - F_A\cos\theta = 0 \\ \sum F_y = 0, & F_{CB}\sin45° - F_A\sin\theta - P = 0 \end{cases}$$

由图中几何关系,可以得出: $\sin\theta = \dfrac{1}{\sqrt{5}}$, $\cos\theta = \dfrac{2}{\sqrt{5}}$。

(4)解得杆 BC 所受的力以及固定铰链支座 A 处的约束力分别为: $F_{CB} = 20\sqrt{2}$ kN, $F_A = 10\sqrt{5}$ kN。

例 3.3

已知两端滑轮 B、C 处分别挂有重物载荷为 P 和 $2P$,圆柱 A 的重量为 Q,如图 3.13(a) 所示。求平衡时的角度 α 以及地面的反力 F_D。

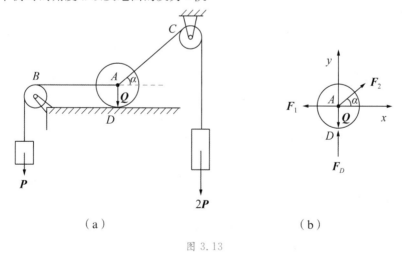

图 3.13

解:

以圆柱作为研究对象(图 3.13(b)),根据平面力系汇交平衡原理,列平衡方程:

$$\begin{cases} \sum F_x = 0 \quad F_2 \cdot \cos\alpha - F_1 = 0 \\ \sum F_y = 0 \quad F_2 \cdot \sin\alpha - Q + F_D = 0 \end{cases}$$

$$\cos\alpha = \frac{F_1}{F_2} = \frac{P}{2P} = \frac{1}{2}$$

解得：$\alpha = 60°$，$F_D = Q - \sqrt{3}P$

3.3　平面力偶系的合成与平衡

一、力对点之矩矢

在空间上，力对刚体任意一点 O 的转动效应可以用一个矢量来表示，这个矢量称为**力对 O 点之矩矢**，用 $\boldsymbol{M}_O(\boldsymbol{F})$ 表示，如图 3.14 所示。$\boldsymbol{M}_O(\boldsymbol{F})$ 取决于三个因素：(1)转动效应的强度 Fh，h 为点 O 至力的作用线的垂直距离；(2)转动轴的方位，即力 $\boldsymbol{F}$ 的作用线与矩心 O 所决定平面的法线方位；(3)转向，即刚体绕转轴转动的方向。

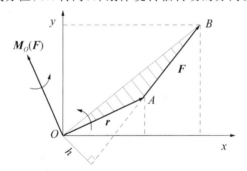

图 3.14　力对点之矩矢

在平面中，力对点之矩可表示为 $M_O(F)$，是一个代数量，其大小为：

$$M_O(F) = \pm Fh \tag{3.4}$$

规定力使刚体绕矩心逆时针转动为正，顺时针转动为负。

作用于刚体上的二力对刚体产生的绕任一点的转动效应，可以用该点之矩矢来度量，这个矩矢等于二力分别对该点矩矢的矢量和。如图 3.15 所示，$\boldsymbol{F}_1$ 和 $\boldsymbol{F}_2$ 绕 O 点转动效应分别用矩矢 $\boldsymbol{M}_O(\boldsymbol{F}_1)$ 和 $\boldsymbol{M}_O(\boldsymbol{F}_2)$ 表示，二力共同作用对刚体产生的绕 O 点转动效应用矩矢 $\boldsymbol{M}_O$ 表示，则满足：

$$\boldsymbol{M}_O = \boldsymbol{M}_O(\boldsymbol{F}_1) + \boldsymbol{M}_O(\boldsymbol{F}_2) \tag{3.5}$$

力对点之矩矢基本性质表明，力对点之矩矢服从矢量的合成法则。推广到有多个力组成的力系，则有：

$$\boldsymbol{M}_O = \boldsymbol{M}_O(\boldsymbol{F}_1) + \boldsymbol{M}_O(\boldsymbol{F}_2) + \cdots + \boldsymbol{M}_O(\boldsymbol{F}_n) \tag{3.6}$$

若是平面力系对平面内 O 点的矩，则有：

$$M_O = M_O(F_1) + M_O(F_2) + \cdots + M_O(F_n) \qquad (3.7)$$

从式(3.6)和(3.7)可以看出,**合力对任一点之矩矢(矩)等于诸分力对同一点之矩矢(矩)的矢量和(代数和)**,合力矩矢(矩)与分力矩矢(矩)的这种关系称为合力矩定理。

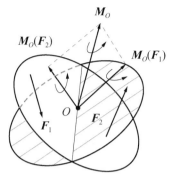

图 3.15　力对点之矩矢的基本性质

例 3.4

如图 3.16 所示,已知刚体在 O 点与固定铰连接,力 F 与 Q 作用在刚体上的 A 点,力 F 垂直于 OA 交于 A 点,力 Q 与 OA 的夹角为 α,忽略刚体重力。求 $M_O(F)$ 和 $M_O(Q)$。

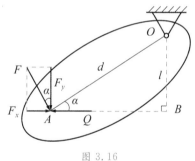

图 3.16

解法 1：

利用力对点之矩的定义,分别从 O 点向 F、Q 作垂线,O 点与垂足 A 点、B 点的距离分别记为 d 和 l,则有：

$$\begin{cases} M_O(F) = F \cdot d = \dfrac{Fl}{\sin\alpha} \\ M_O(Q) = -Q \cdot l \end{cases}$$

解法 2：

将 F 分解成 F_x 和 F_y,应用合力矩定理,分别计算 F_x 和 F_y 对 O 点的矩,再求代数和,则有：

$$\begin{cases} M_O(F) = F_x \cdot l + F_y \cdot l \cdot \cot\alpha = F\sin\alpha \cdot l + F\cos\alpha \cdot l \cdot \cot\alpha = \dfrac{Fl}{\sin\alpha} \\ M_O(Q) = -Q \cdot l \end{cases}$$

二、力对轴之矩

力对轴之矩是**力对刚体所产生的绕该轴转动效应的度量**。力对轴之矩等于力在垂直于该轴平面上的投影对轴与平面交点之矩。

如图 3.17(a) 所示的门，在门上作用一力 F，要求 F 对 z 轴的矩，可把 F 分解成与 z 轴平行的分力 F_z 和与 z 轴垂直平面内的分力 F_{xy}。F_z 与 z 轴平行，对门绕 z 轴转动无贡献，F_{xy} 则可使门产生绕 z 轴的转动。

$$M_z(F) = M_z(F_z) + M_z(F_{xy}) = M_z(F_{xy}) = \pm F_{xy} \cdot d$$

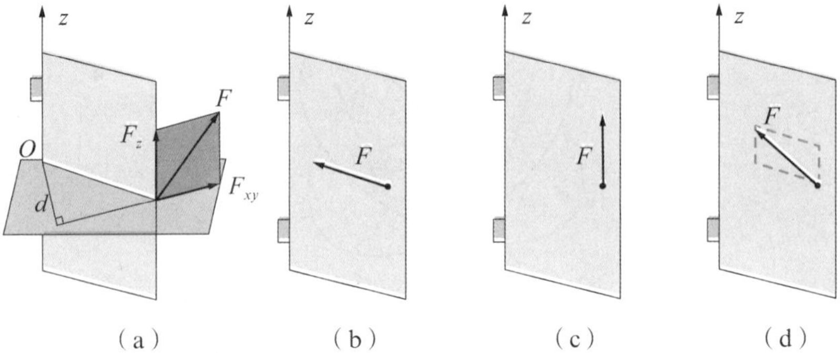

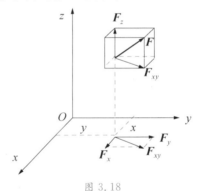

（a）　　　　（b）　　　　（c）　　　　（d）

图 3.17

力对轴之矩为代数量，符号按右手螺旋法则确定，拇指指向与轴正向一致为正，反之为负。对于图 3.17(a) 所示的受力情况，$M_z(F)$ 取正值，即 $M_z(F) = F_{xy} \cdot d$。

根据力对轴之矩的定义，图 3.17(b)、3.17(c)、3.17(d) 所示的力 F 对 z 轴的矩都为 0，即当力与轴在同一平面内时，力对轴之矩为零。

图 3.18

如图 3.18 所示，若已知 F 在坐标轴上的投影分别为 F_x、F_y、F_z，则：

$$M_z(F) = M_z(F_x) + M_z(F_y) + M_z(F_z) = -yF_x + xF_y$$

同理可得 $M_x(F)$、$M_y(F)$，最后整理得：

$$\begin{cases} M_x(F) = -zF_y + yF_z \\ M_y(F) = -xF_z + zF_x \\ M_z(F) = -yF_x + xF_y \end{cases} \tag{3.8}$$

三、力偶系的合成与平衡

力偶对物体的转动效应用力偶矩矢 $\boldsymbol{M}$ 度量：

$$\boldsymbol{M} = \boldsymbol{r}_{BA} \times \boldsymbol{F} \tag{3.9}$$

如图 3.19(a)所示,一对力($\boldsymbol{F}$,$\boldsymbol{F}'$)对矩心 O 点形成的力偶矩:

$$\boldsymbol{M}_O(\boldsymbol{F},\boldsymbol{F}')=\boldsymbol{M}_O(\boldsymbol{F})+\boldsymbol{M}_O(\boldsymbol{F}')=\boldsymbol{r}_A\times\boldsymbol{F}+\boldsymbol{r}_B\times\boldsymbol{F}' \quad (3.10)$$

由于 $\boldsymbol{F}=-\boldsymbol{F}'$,所以 $\boldsymbol{M}_O(\boldsymbol{F},\boldsymbol{F}')=(\boldsymbol{r}_A-\boldsymbol{r}_B)\times\boldsymbol{F}=\boldsymbol{r}_{BA}\times\boldsymbol{F}=\boldsymbol{M}$

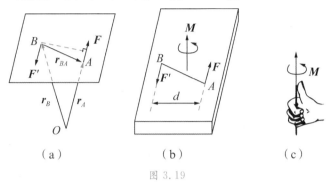

（a）　　　　　　　　（b）　　　　　　　　（c）

图 3.19

可见,力偶矩矢与矩心的位置无关。决定力偶矩矢有三要素:(1)大小,即力与力偶臂的乘积 $M=|\boldsymbol{r}_{BA}\times\boldsymbol{F}|=Fd$;(2)作用面方位,力偶矩矢 $\boldsymbol{M}$ 的指向沿力偶作用面的法线;(3)转向,即力偶的转动方向,如图 3.19(b)所示。力偶矩矢 $\boldsymbol{M}$ 的指向和力偶的转向由右手法则确定,如图 3.19(c)所示。

力偶的等效条件为:**作用在刚体上两个力偶,其力偶矩矢相等**。同时,力偶有三个性质:(1)力偶不能与一个力等效(即力偶无合力),因此也不能与一个力平衡;(2)力偶可在其作用面内任意转移,或移到另一平行平面,而不改变对刚体的作用效应;(3)保持力偶转向和力偶矩的大小(即力与力偶臂的乘积)不变,力偶中的力和力偶臂的大小可以改变,而不会改变对刚体的作用效应。

任意个平面或空间分布的力偶可合成为一个合力偶,合力偶矩矢等于各分力偶矩矢的矢量和。

$$\boldsymbol{M}=\boldsymbol{M}_1+\boldsymbol{M}_2+\cdots+\boldsymbol{M}_n=\sum_{i=1}^{n}\boldsymbol{M}_i \quad (3.11)$$

对于平面力偶系合成所得的合力偶,其力偶矩等于力偶系各力偶矩的代数和,即:

$$M=M_1+M_2+\cdots+M_n=\sum_{i=1}^{n}M_i \quad (3.12)$$

力偶系平衡的充分和必要条件是:**该力偶系的合力偶矩等于零**。

因此,空间力偶系的平衡方程为:

$$\begin{cases} \displaystyle\sum_{i=1}^{n}M_{ix}=0 \\ \displaystyle\sum_{i=1}^{n}M_{iy}=0 \\ \displaystyle\sum_{i=1}^{n}M_{iz}=0 \end{cases} \quad (3.13)$$

即力偶系中所有各力偶矩矢在三个坐标轴上投影的代数和分别等于零。

平面力偶系的平衡方程为:

$$\sum_{i=1}^{n} M_i = 0 \qquad\qquad (3.14)$$

例 3.5

三铰拱 AC 部分上作用有力偶,其力偶矩为 M,如图 3.20(a)所示。已知两个半拱的直角边满足 $a:b=c:a$,三铰拱自身重量忽略不计。求 A、B 的约束力。

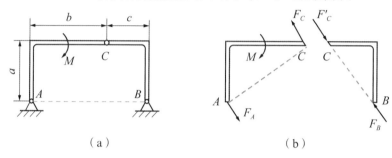

图 3.20

解:

(1)半拱 BC 为二力构件,选半拱 AC 为研究对象,画受力图,进行受力分析,如图3.20(b)所示。

AC 构件上所受的主动力为一力偶,其力偶矩为 M;由于 BC 为二力构件,C 点约束力 F_C 沿 BC 连线。考虑到 AC 上主动力为一力偶 M,因此与之平衡的 A、C 两点的约束力必构成一力偶,且转向与 M 相反,这就确定了 F_A 的作用线方位及 F_C 的指向。由于 $a:b=c:a$,可知 F_A 及 F_C 垂直于 AC,F_A 与 F_C 构成的力偶其力偶矩大小为 $F_A \cdot \sqrt{a^2+b^2}$。

(2)列平衡方程

这是平面力偶系作用下刚体的平衡问题,可列一个平衡方程:

$$-M + F_A \cdot \sqrt{a^2+b^2} = 0$$

解得:$F_A = \dfrac{M}{\sqrt{a^2+b^2}}$。

由力的平衡可得 $F_B = F_A = \dfrac{M}{\sqrt{a^2+b^2}}$。

例 3.6

如图 3.21(a),已知 CD 杆上作用两力偶,力偶矩分别为 $M_1=2m$,$M_2=m$,CD 杆长度为 l,D 杆点斜面夹角为 α。求 AC、BC 杆所受力。

解:

(1)选 CD 为研究对象,如图 3.21(b)所示

$$\sum_{i=1}^{n} M_i = 0 , F_C l \cos\alpha - M_1 + M_2 = 0$$

解得:$F_C = \dfrac{m}{l\cos\alpha}$。

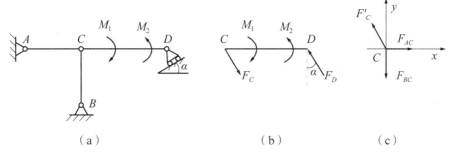

图 3.21

（2）选 C 点为研究对象，如图 3.21(c)所示

$$\sum F_y = 0, F'_C\cos\alpha - F_{BC} = 0$$

解得：$F_{BC} = \dfrac{m}{l}$。

$$\sum F_x = 0, -F'_C\sin\alpha + F_{AC} = 0$$

解得：$F_{AC} = F'_C\sin\alpha = \dfrac{m}{l}\tan\alpha$。

3.4　平面任意力系的简化与平衡

一、力的平移定理

如图 3.22(a)所示，在刚体上的任一点 A 作用一力 F，同时在距离 F 为 d 处的 B 点作用一对平衡力（F',F''），这对平衡力的大小等于 F，如图 3.22(b)所示。此时，并未改变刚体的运动状态，而力 F 和 F'' 就组成了一个力偶，整个刚体受力状态就变成了作用在 B 点的一个力 F' 和一个力偶矩为 M 的力偶，如图 3.22(c)所示。

力的平移定理：**可以把作用在刚体上点 A 的力 F 平行移到任一点 B，但必须同时附加一个力偶，这个附加力偶的矩等于原来的力 F 对新作用点 B 的矩。附加力偶：$M = r_{BA} \times F = M_B(F)$。**

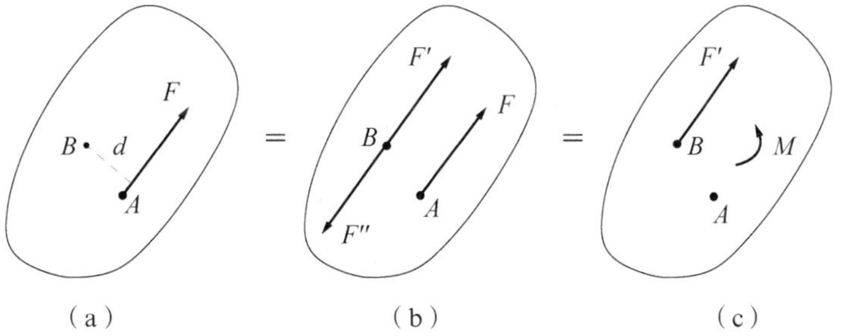

图 3.22

二、平面任意力系向一点简化

1. 平面任意力系向一点简化

根据力的平移定理,由 F_1、F_2、F_3 三个力组成的力系如图 3.23(a)所示,每个力都向 O 点平移,平移后的力分别用 F_1'、F_2'、F_3' 表示。平移后,附加力偶的矩分别用 M_1、M_2、M_3 表示,如图 3.23(b)所示。F_1'、F_2'、F_3' 三力的合力为 F_R',称为该力系作用线通过简化中心 O 的主矢;M_1、M_2、M_3 三力偶矩的合力偶矩为 M_O,称为该力系对于点 O 的主矩,如图 3.23(c)所示。主矢与简化中心的位置无关,主矩一般与简化中心的位置有关。

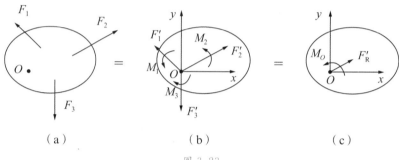

(a)　　　　　　　(b)　　　　　　　(c)

图 3.23

划船如果用单桨,根据"力的平移定理",将水对桨的反作用力 F 平移到船的中心线,需要附加一个力偶,这个附加力偶使船打转,如图 3.24(a)所示。双桨划船时,作用在双桨上的两个力均平移到船的中心线进行叠加,变成了 $2F$,由于平移产生的两个力偶矩大小相等,方向相反,相互抵消,如图 3.24(b)所示。因此,船就可以直线行驶。

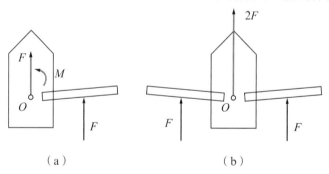

(a)　　　　　　　　　(b)

图 3.24

用铁锤钉钉子,当铁锤对钉子的作用力没有在钉子的中心线上时,可将作用力移到钉子的中心线上,但同时附加一个力偶,力偶的作用使得钉子发生弯曲,如图 3.25 所示。

同理,街上的双头路灯,根据"力的平移定理",对灯柱来说,只承受压力,不承受弯曲,受力更合理,如图 3.26 所示。

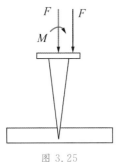

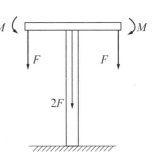

图 3.25

图 3.26

当球拍作用在乒乓球上的力没过球心时,根据"力的平移定理",就会打出旋转球。

很多阳台都采用悬臂梁结构,即梁的一段插入墙面内部,另一端悬空,如图 3.27(a)所示。插入墙面内部的约束属于固定端约束,在第 2 章讲述约束时,曾提到固定端约束通常用一对大小未知的正交分力和一个力矩来表示。下面用力向一点简化来分析固定端约束的约束反力。阳台固定端的受力可以看作是平面任意力系的情况,如图 3.27(b)所示。固定端支座力系的简化如图 3.27(c)所示,简化中心 A 为固定端与墙体的交点,可以将固定端支座力系简化为一个力(主矢 F_A)和一个力矩(主矩 M_A)。主矢 F_A 可分解为互相正交的两个分力 F_{Ax}、F_{Ay},如图 3.27(d)所示。

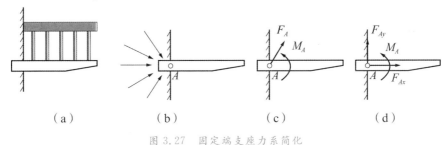

（a） （b） （c） （d）

图 3.27 固定端支座力系简化

2. 平面任意力系的简化结果分析

（1）$F_R' \neq \mathbf{0}$,$M_O = \mathbf{0}$

简化结果为一力,此力为原力系的合力,合力的作用线通过简化中心。

（2）$F_R' \neq \mathbf{0}$,$M_O \neq \mathbf{0}$

简化结果为一力,合力作用线离简化中心的距离为 $d = M_O / F_R'$。

（3）$F_R' = \mathbf{0}$,$M_O \neq \mathbf{0}$

简化结果为一力偶,此力偶为原力系的合力偶,在这种情况下主矩与简化中心的位置无关。

（4）$F_R' = \mathbf{0}$,$M_O = \mathbf{0}$

此时,力系处于平衡状态。

例 3.7

如图 3.28(a),已知长度为 l 的 AB 构件上作用有三角形分布载荷,分布载荷最大值为 q。求分布载荷合力 F 的大小和作用线位置。

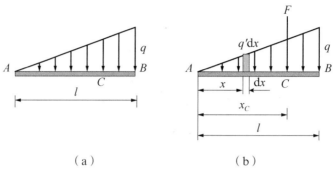

（a）　　　　　　　　（b）

图 3.28

解：

（1）在距离 A 点为 x 处取小微段 dx，此处的载荷 $q'=\dfrac{q}{l}x$，如图 3.28(b) 所示，则合力 F 和分布载荷 q 对 A 点的矩分别为：

$$F=\int_0^l q'\,dx=\int_0^l \frac{q}{l}x\,dx=\frac{ql}{2} \tag{a}$$

$$\sum M_A(F)=\int_0^l q'\,dx\cdot x=\frac{ql^2}{3} \tag{b}$$

（2）同时，q 对 A 点矩满足：

$$\sum M_A(F)=Fx_C \tag{c}$$

联立式(b)、式(c)，可得点 A 至合力作用线的距离为：$x_C=\dfrac{2l}{3}$。

三、平面任意力系的平衡问题

前面已经阐述，当平面任意力系向平面内简化中心 O 简化后的主矢和对 O 点的主矩都为零，即 $F_R'=0$，$M_O=0$，该平面任意力系为平衡力系。因此，平面任意力系的平衡方程为：

$$\begin{cases} \sum F_x=0 \\ \sum F_y=0 \\ \sum M_O(F)=0 \end{cases} \tag{3.15}$$

(3.15)式为平面任意力系平衡方程的基本形式。三个独立方程可以解三个未知数。由于含有一个力矩方程，因此也称为一矩式的平面任意力系平衡方程。

平面任意力系二矩式平衡方程为：

$$\begin{cases} \sum F_x=0 \\ \sum M_A(F)=0 \\ \sum M_B(F)=0 \end{cases} \tag{3.16}$$

二矩式平衡方程需满足"A、B 连线不垂直于 Ox 轴"这一条件。若 A、B 连线垂直于

Ox 轴,则三个方程不独立,无法求解出三个未知数。证明从略。

平面任意力系三矩式平衡方程为:

$$\begin{cases} \sum M_A(F)=0 \\ \sum M_B(F)=0 \\ \sum M_C(F)=0 \end{cases}$$

(3.17)

三矩式平衡方程需满足"A、B、C 不共线"这一条件。证明从略。

作为平面任意力系的特例——平面平行力系,其平衡方程可由平面任意力系平衡方程得到。设有某平面平行力系$(F_1,F_2,\cdots,F_n)$,取 y 轴与力系中的力平行,如图 3.29 所示。

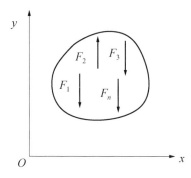

图 3.29

则平面任意力系平衡方程基本形式(一矩式)只剩下两个有效的平衡方程:

$$\begin{cases} \sum F_y=0 \\ \sum M_O(F)=0 \end{cases}$$

(3.18)

这就是平面平行力系平衡方程的基本形式。两个独立的方程可解两个未知量。同理,也可以从式(3.16)得到平面平行力系二矩式平衡方程:

$$\begin{cases} \sum M_A(F)=0 \\ \sum M_B(F)=0 \end{cases}$$

(3.19)

此处,也需满足"A、B 连线不与平行力系中的各力平行"。

在求解平面任意力系的平衡问题时,采用一矩式、二矩式或者三矩式方程,都是等效的。不过应尽量列一个平衡方程求解一个未知力。取矩时的矩心尽量选在未知力的交叉点上,而投影的坐标轴最好选在与未知力垂直或者平行的投影轴上。求解时应注意判断二力杆的情况,并运用合力矩定理。

例 3.8

如图 3.30(a)所示,设集中力 $F=ql$,集中力偶矩$M=ql^2$。其中 q 为均布载荷,单位为 kN/m。试求悬臂梁固定端处的约束力。

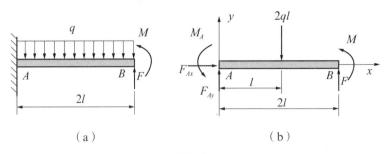

（a）　　　　　　　　　　　　（b）

图 3.30

解：

（1）选悬臂梁为研究对象，假设 F_{Ax} 朝 x 轴正方向，F_{Ay} 朝 y 轴正方向，M_A 为逆时针方向，画受力图如图 3.30(b)所示。

（2）列平衡方程

$$\begin{cases} \sum F_x = 0, & F_{Ax} = 0 \\ \sum F_y = 0, & F_{Ay} + F - 2ql = 0 \\ \sum M_A(F) = 0, & M_A - 2ql \cdot l + M + F \cdot 2l = 0 \end{cases}$$

解得：$F_{Ax} = 0$，$F_{Ay} = ql$，$M_A = -ql^2$。

M_A 为负值，说明 M_A 的方向是顺时针。

例 3.9

如图 3.31 所示，已知 $M = 10\text{kN} \cdot \text{m}$，$q = 2\text{kN/m}$，$AB$ 和 BC 用中间铰链连接。求 A、C 处的约束反力。

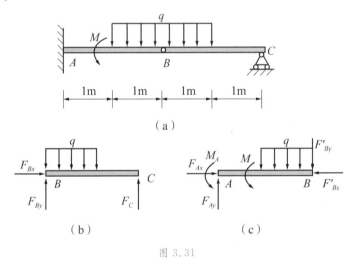

（a）

（b）　　　　　　　　　　　　（c）

图 3.31

解：

（1）以 BC 为研究对象，如图 3.31(b)所示，列平衡方程

$$\begin{cases} \sum F_x = 0, & F_{Bx} = 0 \\ \sum F_y = 0, & F_{By} + F_C - q \cdot 1 = 0 \\ \sum M_B(F) = 0, & F_C \cdot 2 - q \cdot 1 \cdot \dfrac{1}{2} = 0 \end{cases}$$

解得：$F_{Bx} = 0, F_{By} = 1.5 \text{kN}, F_C = 0.5 \text{kN}$。

（2）以 AB 为研究对象，如图 3.31(c)所示，列平衡方程

$$\begin{cases} \sum F_x = 0, & F_{Ax} - F'_{Bx} = 0 \\ \sum F_y = 0, & F_{Ay} - F_{By} - q \cdot 1 = 0 \\ \sum M_A(F) = 0, & -F_{By} \cdot 2 - q \cdot 1 \cdot 1.5 + M + M_A = 0 \end{cases}$$

解得：$F_{Ax} = 0, F_{Ay} = 3.5 \text{kN}, M_A = -4 \text{kN} \cdot \text{m}$。

3.5　静定与静不定问题

刚体在平面任意力系作用下处于平衡状态时，有 3 个独立的平衡方程，可求解三个未知量。对于平面平行力系或汇交力系，则只有 2 个独立的平衡方程，可求解两个未知量。平面力偶系只有一个独立的平衡方程，可求解 1 个未知量。

刚体平衡时，若未知量的数目少于或等于独立平衡方程数目，就可以求出全部未知量。此类问题称之为静定问题。若未知量的数目多于独立平衡方程的数目，则仅应用刚体静力学的平衡方程是不能求出全部未知量的。这类问题称为静不定问题，也称为超静定问题。

思考题 1：工程上一些结构为什么要设置成静不定，这样做有什么好处？

图 3.32(a)中有两根绳子吊住重量为 P 的重物，因此重物受力为平面汇交力系，可列两个平衡方程解两个未知量，属于静定问题。而图 3.32(b)中有三根绳子吊住重物，有三个未知力，但平面汇交力系只能列两个方程，属于静不定问题。

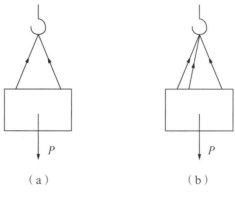

（a）　　　　　　　　（b）

图 3.32

对于刚体系的平衡问题,若刚体系由 n_1 个受平面任意力系作用的刚体,n_2 个受平面汇交力系作用或平面平行力系作用的刚体以及 n_3 个受平面力偶系作用的刚体组成,可列独立平衡方程数记为 m,则 $m=3n_1+2n_2+n_3$。当系统中未知量的总数 k 小于或等于 m 时,所有的未知量都能由静力学平衡方程求出,系统是静定的,反之系统则是静不定的。

应当指出的是,这里说的静定与静不定问题,是对整个系统而言的。若从该系统中取出一分离体,它的未知量的数目多于它的独立平衡方程的数目,并不能说明该系统就是静不定问题,而要分析整个系统的未知量数目和独立平衡方程数目。

求解力学问题,首先要判断研究对象体系属于静定还是静不定问题。如图 3.33(a) 和(b)中所示均是由两个刚体 AB、BC 组成的连续梁刚体系。AB、BC 均为受平面任意力系作用的刚体,因此该刚体系一共可列 $m=6$ 个独立的平衡方程。图 3.33(a)中的刚体系有 6 个约束反力,因此属于静定问题。而图 3.33(b)中的刚体系有 7 个约束反力(反力偶),因此属于静不定问题。

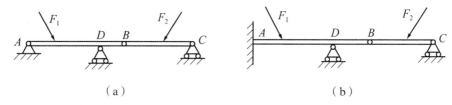

（a）　　　　　　　　　　　　　（b）

图 3.33

对于静不定问题,需要考虑物体因受力而产生的变形,加列某些补充方程后才能求解出全部的未知量。静不定问题已超出刚体静力学的范围,需在材料力学部分研究,静力学部分只讨论静定系统的平衡问题。工程实际中常采用静不定结构,因为采用静不定结构常常使得结构更为安全可靠。比如,图 3.34(b)中的静不定梁,相比于图 3.34(a)中的静定梁,最大弯曲应力和弯曲变形明显减小。

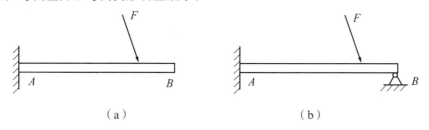

（a）　　　　　　　　　　　　　（b）

图 3.34

求解刚体系平衡问题时,往往由于结构或连接较为复杂,取一次研究对象不能解出全部未知量,因此如何合理地选择研究对象是求解刚体系平衡问题的关键。以下是求解刚体系平衡的几个原则:(1)刚体系有 n 个刚体时可取 n 次研究对象,研究对象可以是单个刚体,也可以是某些刚体的组合或者整个系统,尽量选择受力简单且独立平衡方程个数和未知量个数相等的刚体(系)作为研究对象进行分析;(2)如果整体作为研究对象可以求出部分或者全部约束力,则应先选取整体作为研究对象;(3)要注意判明二力杆,拆分系统分析时尽量避免暴露不要求的未知内力;(4)合理运用力矩方程,尽量选择两个未知力的交点为矩心,并尽量选择与未知力垂直的坐标轴,使得一个方程求解一个未知量。

习　题

3.1　如图所示,在简支刚架的 B 点作用一水平力 F,不计刚架自重。求铰支座 A、D 处的约束力。

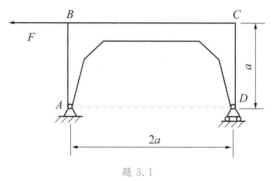

题 3.1

3.2　如图所示,杆 AC、BC 在 C 处铰接,A、B 均与墙面铰接,F_1 和 F_2 作用在销钉 C 上,$F_1 = 450\text{N}$,$F_2 = 550\text{N}$,不计杆重。求两杆所受的力。

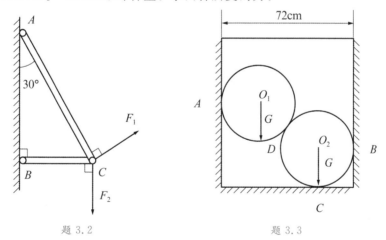

题 3.2　　　　　　　　　　　题 3.3

3.3　如图所示,将两个相同的光滑圆柱体放在矩形槽内,两圆柱的半径 $r = 20\text{cm}$,重量 $G = 500\text{N}$。求接触点 A、B、C 处的约束力。

3.4　如图所示四连杆机构 $ABCD$ 的铰链 B 和 C 上分别作用有力 F_1 和 F_2,机构在图示位置平衡。求平衡时,F_1 和 F_2 的大小需满足的关系。

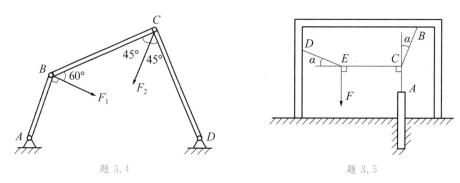

题 3.4   题 3.5

3.5 为拔出木桩,在桩的上端系绳 AB,在该段绳中间某点再系绳 CD,B 端和 D 端固定。在 CD 段绳中某点 E 作用一向下的力 F,以使桩的上端产生一向上拔的力。若这时 AC 段是铅垂的,CE 段是水平的,BC 段与铅垂线的夹角和 ED 段与水平线的夹角均为 $\alpha=30°$。求拔木桩的力有多大?

3.6 如图所示梁 AB 上作用一矩为 M 的力偶,梁长为 l,不计梁自重。求在(a)、(b)两种情况下,铰支座 A 和 B 处的约束力。

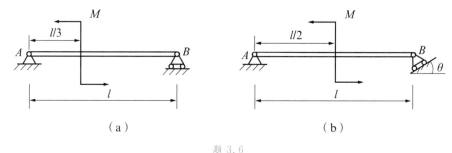

（a）   （b）

题 3.6

3.7 在题图所示结构中两曲杆自重不计,曲杆 AB 上作用有主动力偶,其力偶矩为 M。求 A 和 C 点处的约束力。

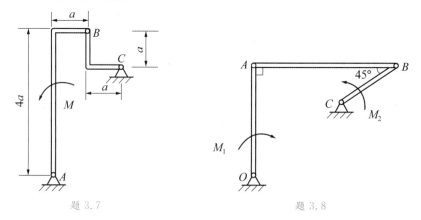

题 3.7   题 3.8

3.8 四连杆机构在图示位置平衡,已知 $OA=90\text{cm}$,$BC=60\text{cm}$,作用在 BC 上的力偶矩大小为 $M_2=2\text{N}\cdot\text{m}$,各杆重量不计。求作用在 OA 上的力偶矩大小 M_1 和 AB 所受的力 F_{AB}。

3.9 在图示结构中,各杆件的自重不计,在杆件 BC 上作用一力偶矩为 M 的力偶,各尺寸如图所示。求支座 A 的约束力。

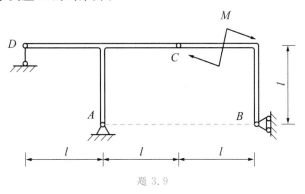

题 3.9

3.10　求图中所示各梁支座的约束力。力的单位为 kN,力偶矩的单位为 kN·m,长度单位为 m,分布荷载集度为 kN/m。

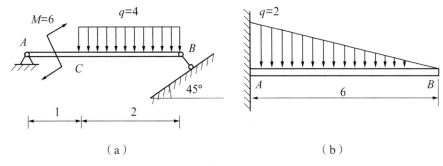

（a）　　　　　　　　　　　（b）

题 3.10

3.11　露天厂房立柱的底部为杯形基础。立柱底部用混凝土砂浆与杯形基础固连在一起。已知吊车梁传来的铅垂载荷为 $F=80$kN,风载集度 $q=2.5$kN/m,立柱自重 $G=50$kN,长度 $a=0.6$m,$h=12$m。求立柱底部的约束力。

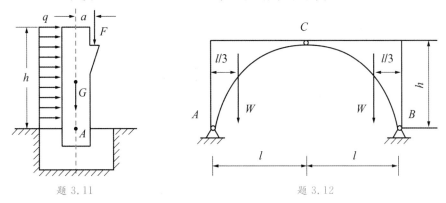

题 3.11　　　　　　　　　　　题 3.12

3.12　三铰拱由两个半拱和三个铰链构成,如图所示。已知每个半拱重 $W=350$kN,$l=16$m,$h=12$m。求支座 A、B 的约束力。

3.13　三铰拱式组合屋架如图所示,不计屋架自重。求拉杆 AB 的受力以及铰链 C 处的约束力。

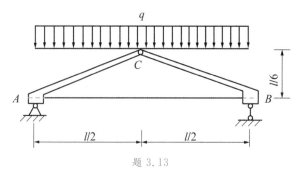

题 3.13

3.14 复合梁由杆 AC 和 CD 构成并通过铰链 C 连接,其支承和受力如图所示。已知均布载荷集度 $q=15\text{kN/m}$,力偶 $M=50\text{kN·m}$,$a=1\text{m}$,不计梁重。求支座 A、B、D 的约束力和铰链 C 所受的力。

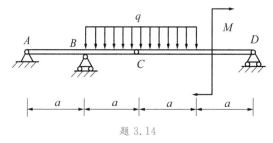

题 3.14

3.15 起重架构如图所示,尺寸单位为 mm。滑轮直径 $d=240\text{mm}$,钢丝绳的倾斜部分平行于杆 BE。吊起的载荷 $W=20\text{kN}$,其他重量不计。求固定铰链支座 A、B 的约束力。

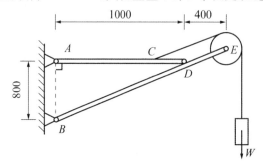

题 3.15

3.16 如图所示支架,杆 AB 上安装有两滑轮,受重 P 作用。已知 $P=4\text{kN}$,B、D 两轮半径均为 $R=0.6\text{m}$。求 A、C 处的反力。

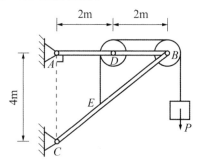

题 3.16

第 4 章

桁架、摩擦与重心

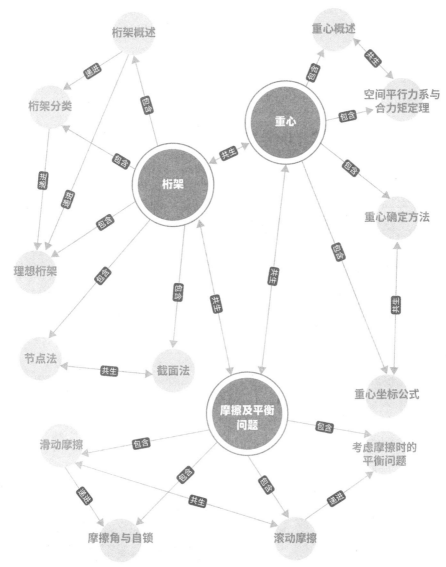

桁架、摩擦与重心

《我和我的
祖国》

啄木鸟玩具

拔河比赛

本章介绍桁架、摩擦、重心三部分内容。这三部分内容属于静力学内容,在后续材料力学部分都将得到应用。

课前小问题:

　　1.观看《我和我的祖国》视频片段,请问主人公所穿的铁鞋是如何助其登高的?

　　2.视频中"啄木鸟"是如何实现边"啄"边下降的?

　　3.观看拔河视频,请问如何提高拔河胜率?

4.1　桁　架

一、桁架概述

　　桁架是由一些细长直杆按适当方式分别在两端连接而成的几何形状不变的结构。桁架在工程上广泛应用,如建筑、通信、电力等诸多领域。

（a）建筑

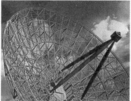
（b）通信

（c）电力

图 4.1　桁架的应用案例

桁架安装

　　工程上把几根直杆连接的地方称为节点。根据桁架节点形成方式的不同,节点的连接可分为榫接、铆接、焊接,如图 4.2 所示。榫接常用于木建筑或木家具,两构件分别做出榫头和榫眼,连接到一起。铆接是用铆钉将一个构件固定在另一个构件上,常用于桥梁的骨架、航空器的蒙皮、起重机的吊臂等金属结构。焊接是通过加热、加压(或两者并用),使两构件结合的连接方式,常用于金属材料或其他热塑性材料。这三种连接均属于刚接,即构件与构件之间既能传递力,又能传递力矩,有别于第 2 章的铰链连接。

榫接

铆接

焊接

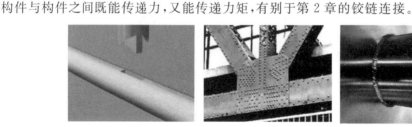

（a）榫接

（b）铆接

（c）焊接

图 4.2　节点的连接方式

桁架按照分布形式可分为平面桁架和空间桁架。平面桁架中,组成桁架的所有杆件轴线都在同一平面内,如图 4.3(a)所示的卫星发射塔架,由很多平面桁架构成,而空间桁架的杆件轴线不在同一平面内,如图 4.3(b)所示的足球烯结构。

（a）平面桁架　　　　　　　　（b）空间桁架

图 4.3　平面桁架和空间桁架

工程实践中,为了简化桁架的计算,作了四个基本假设:1)各杆件都用光滑铰链相连接;2)各杆件轴线都是直线,并通过铰链中心;3)所有外力(载荷及支座约束力)都作用在节点上;4)杆的重量忽略不计。满足以上四个基本假设的桁架称为理想桁架。**理想桁架各杆的内力只有轴力(拉力或压力)而无弯矩和剪力。**

按理想桁架算出的内力,称为主内力;由于不符合理想情况而产生的附加内力,称为次内力。大量的工程实践表明,一般情况下桁架中的主内力占总内力的80%以上。

二、桁架内力的计算方法

下面介绍两种计算平面桁架内力的方法:节点法和截面法。

1.节点法

节点法是以节点为研究对象计算杆件内力的方法。节点法的特点是:研究对象为节点(汇交力系);每个节点可以建立两个独立的平衡方程。

每个节点都受平面汇交力系作用,只能列两个独立的平衡方程,求解两个未知数,而有些节点的桁架数量超过 2 个。因此用节点法求解桁架内力时,一般先求桁架系统的约束力。以桁架系统整体为研究对象,列方程求出约束力,从而逐个节点分析,分析到包含所要求的桁架内力的那个节点为止。

画节点受力图时,为了方便,假设杆件均受拉伸作用。根据计算结果的正负号,判断杆件内力的方向。如果计算结果为正值,则杆件受拉;计算结果为负值,则杆件受压。

例 4.1

在图 4.4 所示桁架中,如何求杆 IJ 的内力?

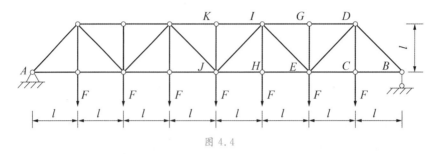

图 4.4

解：

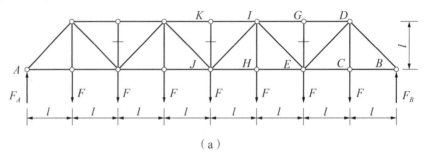

（a）

分析节点 G 处的 GD、GE 和 GI 三根杆件，杆 GD 和杆 GI 都是水平杆件，只有杆 GE 是垂直杆件，理想桁架各杆只能承受拉力或压力，由节点 G 平衡可知杆 GE 轴力为零，GE 杆也称为零力杆。同样的方法可以找出桁架中其他的零力杆，如图（a）中画横线的杆。接下来用节点法求解杆 IJ 的内力。

首先以整体为研究对象，如图（a）所示，算出 B 端可动铰处的约束力：

$$\sum M_A = 0, \quad F_B \cdot 8l - F \cdot (1+2+\cdots+7)l = 0 \rightarrow F_B = \frac{7}{2}F$$

研究节点 B，如图（b）所示，可得到杆 BC、BD 内力：

$$\begin{cases} \sum F_x = 0, & -F_{BC} - F_{BD} \cdot \cos 45° = 0 \\ \sum F_y = 0, & F_B + F_{BD} \cdot \sin 45° = 0 \end{cases} \rightarrow \begin{cases} F_{BC} = \frac{7}{2}F \\ F_{BD} = -\frac{7\sqrt{2}}{2}F \end{cases}$$

研究节点 C，如图（c）所示，可得到杆 CD、CE 内力：

$$\begin{cases} F_{CD} = F \\ F_{CE} = \frac{7}{2}F \end{cases}$$

（b）　　　　（c）　　　　（d）

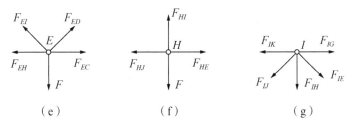

（e） （f） （g）

研究节点 D，如图（d）所示，可求出杆 DE、DG 内力：

$$\begin{cases} \sum F_x = 0, & -F_{DG} - \dfrac{\sqrt{2}}{2}F_{DE} + \dfrac{\sqrt{2}}{2}F_{DB} = 0 \\ \sum F_y = 0, & -\dfrac{\sqrt{2}}{2}F_{DB} - F_{DC} - \dfrac{\sqrt{2}}{2}F_{DE} = 0 \end{cases} \rightarrow \begin{cases} F_{DE} = \dfrac{5\sqrt{2}}{2}F \\ F_{DG} = -6F \end{cases}$$

研究节点 E，如图（e）所示，可求出杆 EH、EI 内力：

$$\begin{cases} \sum F_x = 0, & -F_{EH} - \dfrac{\sqrt{2}}{2}F_{EI} + \dfrac{\sqrt{2}}{2}F_{ED} + F_{EC} = 0 \\ \sum F_y = 0, & \dfrac{\sqrt{2}}{2}F_{EI} + \dfrac{\sqrt{2}}{2}F_{ED} - F = 0 \end{cases} \rightarrow \begin{cases} F_{EH} = \dfrac{15}{2}F \\ F_{EI} = -\dfrac{3\sqrt{2}}{2}F \end{cases}$$

研究节点 H，如图（f）所示，可求得杆 HI、HJ 内力：

$$\begin{cases} F_{HI} = F \\ F_{HJ} = \dfrac{15}{2}F \end{cases}$$

最后研究节点 I，如图（g）所示，求出杆 IJ 内力。

$$\begin{cases} \sum F_x = 0, & -F_{IK} - \dfrac{\sqrt{2}}{2}F_{IJ} + \dfrac{\sqrt{2}}{2}F_{IE} + F_{IG} = 0 \\ \sum F_y = 0, & -\dfrac{\sqrt{2}}{2}F_{IJ} - F_{IH} - \dfrac{\sqrt{2}}{2}F_{IE} = 0 \end{cases} \rightarrow \begin{cases} F_{IJ} = \dfrac{\sqrt{2}}{2}F \\ F_{IK} = -8F \end{cases}$$

从以上求解过程可以看出，节点法是从已知节点逐渐往后求解，一直求解到待求杆的内力为止。因此节点法一般用于设计，要求计算出全部杆件的内力。

思考题 1：零力杆既然不受力，是否可以去掉呢？

思考题 2：在图 4.5 所示各桁架中，哪些杆件为零力杆？

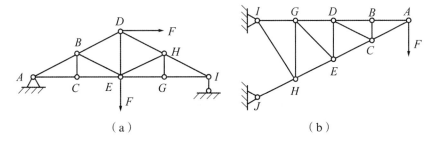

（a） （b）

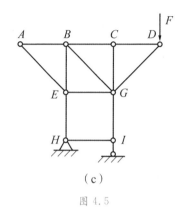

（c）

图 4.5

2. 截面法

截面法是假想用一截面把桁架截开，分成两部分，其中任一部分杆件的内力和外载荷共同作用下保持平衡，从而利用平面任意力系的平衡方程求出被切开杆件的内力。需要注意的是，所选取的截面要确保切断所要求解的那根杆件。

下面我们同样通过例 4.1 来理解截面法。在图示桁架中，如何求杆 IJ 的内力？

解：

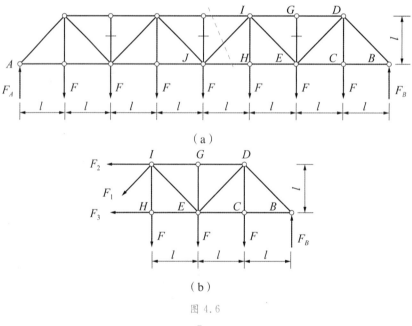

（a）

（b）

图 4.6

（1）根据例 4.1，已求得约束反力 $F_B = \dfrac{7}{2}F$

（2）选取截面截断杆件，如图 4.6（a）中虚线所示

（3）取右边部分桁架，受力图如图 4.6（b）所示

（4）建立平衡方程，算得 IJ 杆的内力 F_1

$$\sum F_y = 0 \quad -\frac{\sqrt{2}}{2}F_1 - 3F + F_B = 0 \rightarrow F_1 = \frac{\sqrt{2}}{2}F$$

与节点法一般用于设计相比,截面法一般用于校核设计的合理性,计算部分杆件的内力。

4.2 摩擦及平衡问题

课前小问题:

　1.饮料瓶瓶盖上凹槽的作用是什么?

　2.下雪天在雪地里行走,如何避免摔倒?

　3.体操运动员和举重运动员在上场前,手上都要抹一些白色的碳酸镁,这样做的目的是什么?

　4.玩具汽车为什么能停在垂直的墙面上?

　5.将筷子插入装满大米的量筒,要想将量筒提起来,需要满足什么条件?

爬墙汽车

筷子提米
实验(上)

当一物体与另一物体沿接触面的切线方向运动或有相对运动趋势时,在两物体接触面之间有阻碍它们相对运动的作用力,这种力叫摩擦力。接触面之间的这种现象或特性叫摩擦。摩擦是普遍存在于机械运动中的自然现象。

前几章研究物体平衡问题时均采取理想化的假设,即不考虑摩擦,一方面是为了简化问题,循序渐进地掌握知识点,另一方面这种理想化假设在物体间存在良好润滑的条件下误差较小,是可接受的。但在工程实践中,摩擦对物体的平衡和运动有着重要影响。

筷子提米桶
实验(下)

　　研究摩擦的目的是要充分利用其有利的一面,克服其不利的一面。按照接触物体间可能会发生相对滑动或相对滚动两种运动形式可将摩擦分为滑动摩擦和滚动摩擦。根据接触物体间是否存在润滑剂,滑动摩擦又可分为湿摩擦和干摩擦。本章介绍干摩擦下的滑动摩擦平衡问题和滚动摩擦平衡问题。

一、滑动摩擦

滑动摩擦包括静滑动摩擦和动滑动摩擦。静滑动摩擦指的是当物体间有滑动趋势,而尚未滑动时的摩擦。若滑动已发生,则称为动滑动摩擦。

1.静滑动摩擦

将重为 G 的物块放在粗糙的水平面上,由于其重力 G 和水平面对其的约束反力 F_N 相等处于静止状态,如图 4.7(a)所示。在该物块上作用一水平力 F,当 F 较小时,物体静止,但有滑动趋势。此时,水平面对物块还有一个方向与 F 相反的阻力 F_f,即静摩擦力,如图 4.7(b)所示。

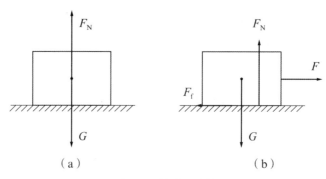

（a）　　　　　　　　　　　　（b）

图 4.7　静滑动摩擦

思考题 3：图 4.7(b)中 F_N 和 G 为什么不共线？

思考题 4：人走路时,前后脚所受到的摩擦力方向有何不同？

F_f 随着外力 F 的增大而增大,最后会达到一个最大值,物体处于将滑未滑的临界状态。此时的静摩擦力称为最大静摩擦力,用 F_{fmax} 表示。实验表明,最大静摩擦力 F_{fmax} 大小与约束反力 F_N 成正比,即：

$$F_{fmax} = f_s \cdot F_N \tag{4.1}$$

式中 f_s 为静摩擦因数(static friction factor),也称静摩擦系数。静摩擦因数 f_s 为无量纲常数,其值由实验测定。其值与两接触物体间材料及表面状态(粗糙度、湿度、温度等)有关。静滑动摩擦力也是一种约束力。表 4.1 是常用材料的静摩擦因数。

表 4.1　常用材料的静摩擦因数

摩擦副材料	静摩擦因数	
	无润滑	有润滑
钢—钢	0.1	0.05~0.1
钢—软钢	0.2	0.1~0.2
钢—铸铁	0.18	0.05~0.15
钢—黄铜	0.19	0.03
钢—青铜	0.15~0.18	0.1~0.15
钢—铝	0.17	0.02
钢—轴承合金	0.2	0.04
钢—夹布胶木	0.22	——
铸铁—铸铁	0.15	0.07~0.12
铸铁—青铜	0.15~0.21	0.07~0.15
软钢—铸铁	——	0.05~0.15
软钢—青铜	——	0.07~0.15
青铜—青铜	0.15~0.20	0.04~0.10
青铜—钢	0.16	——

续表

摩擦副材料	静摩擦因数	
	无润滑	有润滑
青铜—夹布胶木	0.23	——
铝—不淬火的 T8 钢	0.18	0.03
铝—淬火的 T8 钢	0.17	0.02
铝—黄铜	0.27	0.02
铝—青铜	0.22	——
铝—钢	0.30	0.02
铝—夹布胶木	0.26	——
钢	0.35～0.55	——
粉末冶金	0.2～0.5	0.07～0.10
铜—铜	0.20	——

参考文献:吴宗泽.机械设计课程设计手册[M].北京:高等教育出版社,2012.

从表达式 $F_{fmax} = f_s \cdot F_N$ 可以看出,增大最大静摩擦力有两个途径:一是加大法向约束力 F_N;二是加大静摩擦因数 f_s。

生活中有很多增大摩擦力的实例:在抓鱼时,手和鱼的表面摩擦系数基本是确定的,要把鱼抓住就要加大法向约束力;汽车轮胎表面设计有很多凹纹结构(粗糙结构),可增大摩擦系数,如图 4.8(a)所示;下雪天常用草垫垫在地上,如图 4.8(b)所示,主要是因为草垫与雪地、鞋底与草垫的摩擦系数均比鞋底与雪地的摩擦系数大;守门员戴手套部分原因是为了增加足球与手之间的摩擦系数,从而增大摩擦力,方便接住足球,如图 4.8(c)所示;体操运动员和举重运动员手上抹碳酸镁,也是为了增大摩擦系数。

（a）轮胎

（b）草垫

（c）守门员的手套

图 4.8　摩擦的应用

前文所述的筷子能提起米桶的关键在于米和筷子之间的最大静摩擦力要大于米桶和大米的总重力。在大米和筷子之间摩擦系数一定的前提下,将大米一层一层压紧,大米和筷子之间的总法向约束力逐渐增加,最大静摩擦力也逐渐增加。当筷子插入米中的深度达到一定值后,最大静摩擦力大于重力,就可以提起米桶。

思考题 5:如果你家装修,卫生间用图 4.9 中哪一种瓷砖比较好呢? 理由是什么?

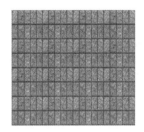

图 4.9 瓷砖

2. 动滑动摩擦

在图 4.7(b)中如果继续增大力 F，当 F 大于 F_{fmax} 时，物块将开始滑动。此时水平面和物块之间的摩擦力称为动摩擦力，用 F'_f 表示。实验表明，动摩擦力 F'_f 大小与水平面的约束反力 F_N 成正比，即：

$$F'_f = f' \cdot F_N \tag{4.2}$$

式中 f' 为动摩擦因数(dynamic friction factor)，其值与物体间材料及表面状态有关。动摩擦因数的值一般小于静摩擦因数，但在处理实际问题时，为简单起见，常取 $f' = f_s$。

二、摩擦角与自锁

1. 摩擦角

根据之前的分析，物块在地面上有运动趋势的时候，它受到地面对它的约束反力 F_N 和地面对它的摩擦力 F_f 作用，把 F_N 和 F_f 的合力称为全反力，用 F_R 表示，如图 4.10(a) 所示。

$$\begin{cases} F_R = \sqrt{F_f^2 + F_N^2} \\ \tan \varphi = \dfrac{F_f}{F_N} \end{cases} \tag{4.3}$$

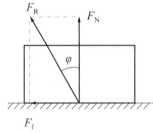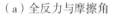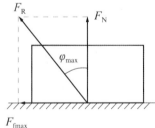

（a）全反力与摩擦角　　　　　　　（b）最大摩擦角

图 4.10

当 F_f 增大时，φ 也越来越大。当 F_f 达到最大静摩擦力 F_{fmax} 时，如图 4.10(b)所示，φ_{max} 满足：

$$\tan \varphi_{max} = \frac{F_{fmax}}{F_N} = \frac{f_s \cdot F_N}{F_N} = f_s \tag{4.4}$$

φ_{max} 称为摩擦角。摩擦角的大小取决于静摩擦因数 f_s。

2.自锁

当 $F_f \le F_{max}$ 时,全反力 F_R 与法线间的夹角 $\varphi \le \varphi_{max}$。此时,物块虽然有滑动的趋势,但是不会滑动,这种现象称为自锁现象。如图 4.11(a)所示,若主动力 F 作用在最大摩擦角内,则必存在全反力 F_R 与之构成二力平衡条件。若主动力 F 作用在最大摩擦角外,如图 4.11(b)所示,无论主动力多小,全反力 F_R 与主动力 F 都不能满足二力平衡条件,物体将出现滑动。因此,自锁的条件是:

$$\varphi \le \varphi_{max} \tag{4.5}$$

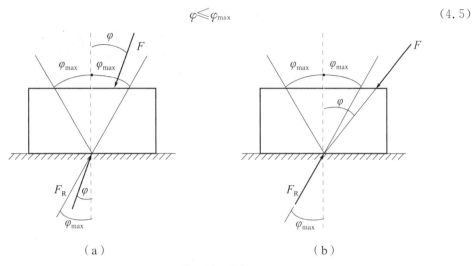

图 4.11　自锁

自锁在工程和生活中有很多应用案例,如:汽车在斜坡上定点停车,如图 4.12(a)所示;电力工人爬电杆时使用"登高脚扣",如图 4.12(b)所示;农用锄头的锄杆和头部在安装时会嵌入楔子防止锄杆和头部出现松动,如图 4.12(c)所示。

（a）定点停车　　　　（b）登高脚扣　　　　（c）锄头的楔子

图 4.12　自锁应用实例

课前小问题提到的"啄木鸟"能在杆上停住的前提条件是,套筒和杆之间满足自锁条件。当拨动"啄木鸟"后,弹簧发生形变产生回复力使得"啄木鸟"啄向杆子,弹簧过了平衡位置后还会继续向杆子方向运动。此时,杆子与套筒壁间的压力逐渐减小,最大静摩擦力也随之逐渐减小,减小到小于重力时,不再满足平衡条件,即实现了解锁,"啄木鸟"开始向下滑动。同时,弹簧又会反向回复,向远离杆子的方向运动,过了平衡位置后,又实现了自锁。在"自锁—解锁—自锁…"这样不断循环下,"啄木鸟"实现了边啄边下滑的动作。

思考题6：如图4.13所示，已知斧头与树桩间的静滑动摩擦因数为 f，若斧头不被卡住，求斧头的最小楔角 θ。

思考题7：如图4.14所示，沙丘形成的角度和哪些因素有关？

图4.13 劈柴

图4.14 沙丘

三、滚动摩擦

如图4.15(a)所示，一个半径为 r 的圆轮在地面上滚动，按照之前的分析，圆轮受到以下几个力：主动力 F、重力 W、地面的约束反力 F_N 和摩擦力 F_f，如图4.15(b)所示。圆轮受到这四个力能保持平衡吗？

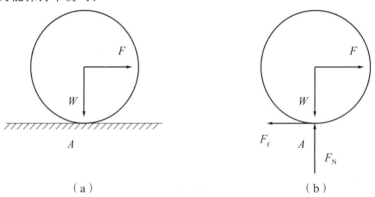

（a）   （b）

图4.15 刚体假设下滚动摩擦示意图

水平方向：$\sum X=0,F-F_f=0$

垂直方向：$\sum Y=0,W-F_N=0$

对 A 点取矩：$\sum M_A=Fr\neq0$

说明系统是不平衡的，那问题出在哪里呢？这就是滚动摩擦起作用的结果。滚动摩擦指的是物体在另一个物体上滚动时产生的摩擦。

图4.15(b)的受力分析是基于刚体假设，即圆盘为刚体，地面也为刚体。但实际上圆盘和地面都不是刚体，即圆盘在地面上滚动时，在地面上总会产生一个凹坑，如图4.16(a)所示。

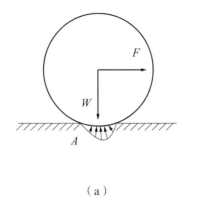
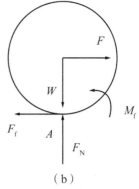

（a）　　　　　　　　　　　　（b）

图 4.16　非刚体假设下滚动摩擦示意图

根据第 3 章所学"力向一点简化"的内容,所有力向 A 点简化,简化结果为一个主矢和主矩,主矢分解成水平的力 F_f、垂直的力 F_N,主矩记为 M_f,称为滚动摩阻力偶矩。在图 4.16(b) 中,滚动摩阻力偶矩 M_f 与 F 对 A 点的矩实现平衡。

滚动摩阻力偶矩的范围为 $0 \leqslant M_f \leqslant M_{fmax}$,且 $M_{fmax} = \delta F_N$,δ 是滚动摩阻系数。滚动摩阻力偶的方向与轮子滚动(趋势)的方向相反。当滚动摩阻力偶矩未达到最大值时,其大小由平衡方程确定。

思考题 8:木匠师傅做了一个体积和重量均较大的柜子。他想把柜子移到 10m 远的地方,但是太费劲了,又没人可以帮忙,有何办法?

例 4.2

图 4.16 所示圆盘重量为 W,半径为 r,水平拉力为 F,静滑动摩擦因数为 f,滚动摩阻系数为 δ,求维持平衡时的最大拉力 F_{max}。

解:

研究圆盘,画受力图如图 4.16(b) 所示,列平衡方程:

$$\begin{cases} \sum X = 0, & F - F_f = 0 \Rightarrow F_f = F \\ \sum Y = 0, & W - F_N = 0 \Rightarrow F_N = W \\ \sum M_A = 0, & M_f - Fr = 0 \Rightarrow M_f = Fr \end{cases}$$

圆盘不滑动条件为 $F_f \leqslant f F_N$,即 $F \leqslant fW$

圆盘不滚动条件为 $M_f \leqslant \delta F_N$,即 $F \leqslant \dfrac{\delta}{r} W$

综上可得,$F_{max} = \min \left\{ fW, \dfrac{\delta}{r} W \right\}$

四、考虑摩擦时的平衡问题

拔河问题属于考虑摩擦的平衡问题,那如何提高拔河的胜率? 拔河过程是一个动态的过程,但可以按照准静态来简化问题。取其中一个队友为研究对象,进行受力分析。这个人受到四个力作用:重力 G、绳子的拉力 T、地面对他的法向约束力 F_N 和静摩擦力 F_f,两边实力相当出现僵持时,这四个力保持平衡,如图 4.17 所示。

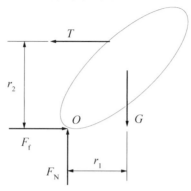

图 4.17 拔河队员受力示意图

利用任意力系的平衡问题可列三个方程:

$$\begin{cases} \sum X = 0, & T - F_f = 0 \\ \sum Y = 0, & F_N - G = 0 \\ \sum M_O = 0, & G \times r_1 - T \times r_2 = 0 \end{cases}$$

静摩擦力 F_f 随着 T 的增大而增大。但当静摩擦力 F_f 达到最大值 $F_{fmax} = f_s \cdot F_N$ 时,静摩擦将变成动摩擦,即己方队员被对方拉着向前移动了。所以,拔河取胜的关键是己方要产生尽可能大的 T,T 一旦超过对方队员脚和地面产生的最大静摩擦力 F_{fmax},就能将绳子拉过来从而获得胜利。

(1)从上述平衡方程可看出,G 越大,T 就越大,所以运动员往往选重量较大的人员;

(2)人员选定后,G 保持不变,r_2 变化幅度非常小,要想产生尽可能大的 T,可增大 r_1,即重心尽可能后移,也即运动员尽可能后倾;

(3)同时 T 又要和己方队员与地面的静摩擦力 F_f 平衡,在法向约束力 F_N 一定(等于 G)的前提下,增大静摩擦系数,可以增加己方的最大静摩擦力 F_{fmax},即拔河时要穿有花纹的胶鞋,增大鞋子和地面的静摩擦系数,从而产生更大的拉力 T。

思考题 9:根据上文分析,拔河队员身体后倾,重心后移能增加拔河胜算,为什么有队员摔倒从而"躺平",不但不能增加胜算,而且极有可能还会加快失败呢?

再来研究玩具汽车如何实现爬墙。如图 4.18 所示,小车内的轴流风机,不停抽吸车底部的空气,造成负压,从而在垂直墙面方向上产生压力 F,将小车压在墙上,平衡方程为 $F = F_N$。车轮与墙壁的摩擦力 F_f 与重力平衡,即 $F_f = G$。只要重力小于最大静摩擦力 F_{fmax},小车就能固定在墙上。玩具汽车要在墙壁上向上爬行则要依靠另外的电机驱动,电机驱动力需大于小车和墙面的动滑动摩擦力(此时动滑动摩擦力方向朝下)及小车重力之和。

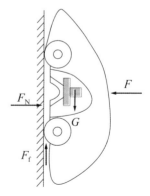

图 4.18 爬墙汽车受力示意图

思考题 10：要使小车在天花板上行驶，又需要满足什么条件呢？

例 **4.3**

如图 4.19(a)所示，梯子长 $AB=l$，重为 G，梯子与墙和地面的静摩擦系数 $f_s=0.5$。求 α 多大时，梯子能处于平衡？

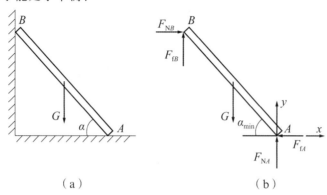

（a）　　　　　　　　　　（b）

图 4.19

解：

考虑到梯子在临界平衡状态有下滑趋势，画受力图，如图 4.19(b)所示。

可得平衡方程：

$$
\begin{cases}
\sum X=0, & F_{NB}-F_{fA}=0 \\
\sum Y=0, & F_{NA}+F_{fB}-G=0 \\
\sum M_A=0, & G \cdot \dfrac{l}{2} \cdot \cos \alpha_{\min}-F_{fB} \cdot l \cdot \cos \alpha_{\min}-F_{NB} \cdot l \cdot \sin \alpha_{\min}=0
\end{cases}
$$

同时，由摩擦力方程提供补充方程：

$$
\begin{cases}
F_{fA}=f_s \cdot F_{NA} \\
F_{fB}=f_s \cdot F_{NB}
\end{cases}
$$

联立上述方程，解得：

$$
\alpha_{\min}=\tan^{-1}\frac{1-f_s^2}{2f_s}=\tan^{-1}\frac{1-0.5^2}{2\times0.5}=36.87°
$$

由于杆件和地面夹角不可能超过 90°，所以 $36.87°\leqslant\alpha\leqslant90°$。

4.3 重 心

课前小问题:

　　1.不倒翁的力学原理是什么?

　　2.建筑工地上常用的车斗卸料的原理是什么?

　　3.杂技表演者走钢丝如何控制平衡?

　　4.《荀子·宥坐》记载,孔子观於鲁桓公之庙,有欹器焉。孔子问於守庙者曰:"此为何器?"守庙者曰:"此盖为宥坐之器。"孔子曰:"吾闻宥坐之器者,虚则欹,中则正,满则覆。"这里面包含怎样的力学原理和哲学思想?

（a）运料车　　　　　　　（b）欹器

图 4.20

一、重心概述

　　物体的几何中心称为形心。形心只与物体的几何形状和尺寸有关,与物体的物质组成和质量分布无关。物体重力的合力作用点称为物体的重心。重心的位置与物体的几何形状和质量的分布有关。一般情况下重心和形心是不重合的,只有物体是由同一种均质材料构成时,重心和形心才重合。由于重力与质量成正比,重力合力的作用点也称为质心,即质心和重心重合。

二、空间平行力系与合力矩定理

　　空间平行力系是工程上经常遇到的一种力系。如图 4.21 所示,空间平行力系指的是空间各力的作用线互相平行的力系。物体的重力可近似地看作平行分布于物体每一质点的空间平行力系,其合力的作用点就是物体的重心。

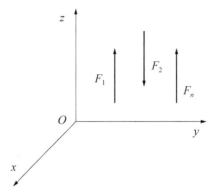

图 4.21　空间平行力系与合力矩定理

如果由 n 个力 $\boldsymbol{F}_1,\boldsymbol{F}_2,\cdots,\boldsymbol{F}_n$ 组成的力系作用在一刚体上,该力系可以合成一个合力 $\boldsymbol{F}_R$,那么这个合力对刚体的作用效果与各分力同时作用的效果完全相同,包括对物体产生的绕任意点或轴的转动效果。因此,合力对任一点 O 的矩 $\boldsymbol{M}_O(\boldsymbol{F}_R)$ 或任意轴 Z 的矩 $\boldsymbol{M}_Z(\boldsymbol{F}_R)$ 等于力系的各个力 $\boldsymbol{F}_i$ 对同一点之矩 $\boldsymbol{M}_O(\boldsymbol{F}_i)$ 或同一轴之矩 $\boldsymbol{M}_Z(\boldsymbol{F}_i)$ 的矢量和,这就是空间力系的合力矩定理,即:

$$\begin{cases} \boldsymbol{M}_O(\boldsymbol{F}_R)=\boldsymbol{M}_O(\boldsymbol{F}_1)+\boldsymbol{M}_O(\boldsymbol{F}_2)+\cdots+\boldsymbol{M}_O(\boldsymbol{F}_n) \\ \boldsymbol{M}_Z(\boldsymbol{F}_R)=\boldsymbol{M}_Z(\boldsymbol{F}_1)+\boldsymbol{M}_Z(\boldsymbol{F}_2)+\cdots+\boldsymbol{M}_Z(\boldsymbol{F}_n) \end{cases} \tag{4.6}$$

当该力系为一空间平行力系时,合力矩定理有代数形式:

$$\begin{cases} M_O(\boldsymbol{F}_R)=M_O(\boldsymbol{F}_1)+M_O(\boldsymbol{F}_2)+\cdots+M_O(\boldsymbol{F}_n) \\ M_Z(\boldsymbol{F}_R)=M_Z(\boldsymbol{F}_1)+M_Z(\boldsymbol{F}_2)+\cdots+M_Z(\boldsymbol{F}_n) \end{cases} \tag{4.7}$$

三、重心坐标公式

由于万有引力的存在,地球表面的物体会受到地球引力的作用。当物体的几何尺寸远小于地球半径时,物体上各点受到的地球引力近似平行。因此,把一个物体看成是由许多微小部分构成,重力作用于物体的每个微小部分,每个微小物体的重力组成的力系可近似为空间平行力系,整个物体的重力是这个空间力系的合力。通常采用合力矩定理来确定地球表面物体的重心位置。

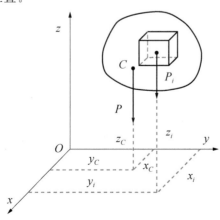

图 4.22　重心坐标的计算

设一物体由无数个微元体构成,任一微元体所受重力为 P_i,如图 4.22 所示,其坐标为 (x_i, y_i, z_i)。这些力组成空间平行力系,其合力大小为 $P = \sum P_i$,即物体的重力。平行力系合力的作用点即物体的重心 C。假设重心坐标为 (x_C, y_C, z_C),根据合力矩定理,有:

$$\begin{cases} P \cdot x_C = \sum P_i x_i \\ P \cdot y_C = \sum P_i y_i \end{cases} \tag{4.8}$$

同理可得:

$$P \cdot z_C = \sum P_i z_i \tag{4.9}$$

可得重心坐标的一般公式为:

$$x_C = \frac{\sum P_i x_i}{P}, \quad y_C = \frac{\sum P_i y_i}{P}, \quad z_C = \frac{\sum P_i z_i}{P} \tag{4.10}$$

若微元体的体积为 ΔV_i,密度为 ρ_i,则 $P_i = \rho_i g \Delta V_i$,重心坐标可表示为:

$$x_C = \frac{\sum \rho_i \Delta V_i x_i}{\sum \rho_i \Delta V_i}, \quad y_C = \frac{\sum \rho_i \Delta V_i y_i}{\sum \rho_i \Delta V_i}, \quad z_C = \frac{\sum \rho_i \Delta V_i z_i}{\sum \rho_i \Delta V_i} \tag{4.11}$$

若物体为连续体,重心坐标可表示成积分形式,即:

$$x_C = \frac{\int_V \rho x \, dV}{\int_V \rho \, dV}, \quad y_C = \frac{\int_V \rho y \, dV}{\int_V \rho \, dV}, \quad z_C = \frac{\int_V \rho z \, dV}{\int_V \rho \, dV} \tag{4.12}$$

若物体是均质的,则(4.12)式可变为:

$$x_C = \frac{\int_V x \, dV}{\int_V dV}, \quad y_C = \frac{\int_V y \, dV}{\int_V dV}, \quad z_C = \frac{\int_V z \, dV}{\int_V dV} \tag{4.13}$$

对于均质等厚薄壳,$\Delta V_i = h \Delta S_i$,其中 h 是薄壳的厚度,ΔS_i 为微元体面积。于是重心坐标为:

$$x_C = \frac{\sum \Delta S_i x_i}{\sum \Delta S_i}, \quad y_C = \frac{\sum \Delta S_i y_i}{\sum \Delta S_i}, \quad z_C = \frac{\sum \Delta S_i z_i}{\sum \Delta S_i} \tag{4.14}$$

若为连续体,(4.14)式可进一步简化为:

$$x_C = \frac{\int_S x \, dS}{\int_S dS}, \quad y_C = \frac{\int_S y \, dS}{\int_S dS}, \quad z_C = \frac{\int_S z \, dS}{\int_S dS} \tag{4.15}$$

对于均质等截面细杆,重心坐标如下:

$$x_C = \frac{\sum \Delta l_i x_i}{\sum \Delta l_i}, \quad y_C = \frac{\sum \Delta l_i y_i}{\sum \Delta l_i}, \quad z_C = \frac{\sum \Delta l_i z_i}{\sum \Delta l_i} \tag{4.16}$$

若为连续体,(4.16)式可进一步简化为:

$$x_C = \frac{\int_l x\,\mathrm{d}l}{\int_l \mathrm{d}l},\ y_C = \frac{\int_l y\,\mathrm{d}l}{\int_l \mathrm{d}l},\ z_C = \frac{\int_l z\,\mathrm{d}l}{\int_l \mathrm{d}l} \tag{4.17}$$

四、重心确定方法

重心位置的确定在工程中有许多应用。例如,卫星、飞机、汽车、船舶等设计和制造时,都需要计算或测定其重心的位置。如卫星和火箭分离时,推力的合力要求尽可能过卫星重心,否则卫星在分离时产生较大的初始角速度,从而给姿态控制系统带来难度。

下面介绍三种确定重心的常用方法。

1.查表法

对于均质物体,若在几何体上具有对称面、对称轴或对称点,则物体的重心或形心一定在相应的对称面、对称轴或对称点上;如果物体具有两个对称面或两个对称轴,则物体的重心在两对称面的交线或两对称轴的交点上。如圆锥、圆柱重心在其轴线上,球体重心在球心上。

简单形体的重心可以由工程手册查出。常见的简单形体重心位置如附录 B 所示。

2.组合法

对于复杂的工程结构,可以将其分解成有限个简单的基本图形,每个基本图形的重心位置可查表确定,再用重心坐标计算公式获得复杂结构图形的重心坐标。这种方法称为组合法或分割法。

$$\begin{cases} x_C = \dfrac{A_1 x_1 + A_2 x_2 + \cdots + A_n x_n}{A_1 + A_2 + \cdots + A_n} \\ y_C = \dfrac{A_1 y_1 + A_2 y_2 + \cdots + A_n y_n}{A_1 + A_2 + \cdots + A_n} \end{cases} \tag{4.18}$$

例 4.4

图 4.23(a)所示平面图形,求其形心。

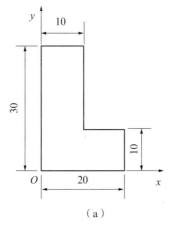
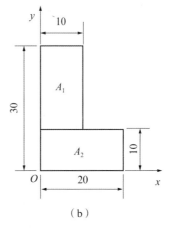

(a)　　　　　　　　　　(b)

图 4.23

解:

(1)把图形分割成两部分,如图 4.23(b)所示,分别为 A_1、A_2

(2)计算 A_1、A_2 面积及其形心坐标

$$A_1 = A_2 = 20 \times 10 = 200 \text{mm}^2$$

$$x_1 = 5 \text{mm}, y_1 = 20 \text{mm}; x_2 = 10 \text{mm}, y_2 = 5 \text{mm}$$

(3)计算组合体形心坐标

$$\begin{cases} x_C = \dfrac{A_1 x_1 + A_2 x_2}{A_1 + A_2} = \dfrac{5 \times 200 + 10 \times 200}{200 + 200} = 7.5 \text{mm} \\ y_C = \dfrac{A_1 y_1 + A_2 y_2}{A_1 + A_2} = \dfrac{20 \times 200 + 5 \times 200}{200 + 200} = 12.5 \text{mm} \end{cases}$$

3.悬挂法

工程中的一些形状复杂和质量分布不均匀的物体,重心难以计算。这时可用实验法确定重心,即悬挂法。

如图 4.24 所示,求物体的重心。将物体悬挂,由于绳子对物体的力和物体所受重力满足二力平衡条件,重心必在过悬挂点的铅垂线上,此时可以画一经过重心的直线。更换悬挂点,可以画另一经过重心的铅垂线,这两条铅垂线的交点即为重心。

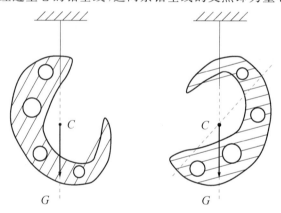

图 4.24　悬挂法确定重心位置

不倒翁的力学原理和重心位置的变化有关。不倒翁是由一个质量较大的底座和质量较轻的外壳组成,整个重心偏向底部。如图 4.25 所示,正常摆放时,不倒翁的重力和地面对其约束反力的合力为 0,合力矩也为 0。当不倒翁倾斜放置时,重心位置变化很小,但地面和不倒翁的接触位置发生了改变,即地面的约束反力和不倒翁的重力不再是在同一直线上,而是构成了一个力偶。当手释放不倒翁时,在这个力偶的作用下,不倒翁实现复位,即"不倒"。

工地上用于运送建筑材料的车斗也是利用重心变化实现卸料。通过车轮和地面接触点作垂线,当车斗是空的时候,整个车斗的重心处于垂线后侧,如图 4.26(a)所示。当装满建筑材料时,整个车斗的重心前移,移到垂线的前侧,如图 4.26(b)所示。解锁后,在重力的作用下,车斗发生翻转,从而完成卸料,如图 4.26(c)所示。

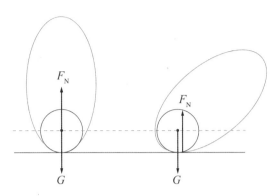

图 4.25　不倒翁工作原理

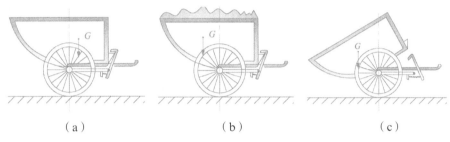

（a）　　　　　　　　　（b）　　　　　　　　　（c）

图 4.26　车斗卸料工作原理

　　杂技表演者走钢丝时,只有在其身体重心落在钢丝绳上,重力和钢丝绳的约束反力实现平衡时,才能立在钢丝绳上不倒。由于钢丝绳和脚的接触面较小,保持重心始终落在钢丝绳上比较困难。手里拿着一根长长的杆,能增加"人—杆"系统的转动惯量。于是在受微小扰动时,不容易改变原来的平衡状态。

　　敧器的"虚则敧,中则正,满则覆"也和重心密切相关。器皿内没注水时,其重心高于两边的绳索拉力的交点,理论上三个力在同一个平面,可实现平衡,但由于器皿加工的偏差或者受到微小扰动,重力和两绳索的拉力并不处于同一平面,于是器皿发生倾斜,即"虚则敧"。倾斜后,器皿的重心低于两绳索拉力的交点,三个力处于平衡状态。当向容器中注水时,容器不断调整倾斜角度(倾斜角度越来越小,即越来越正),保证了容器和水所构成系统的重心始终满足上述平衡条件,当水注满一半时,重心与两绳索拉力的交点重合。此时,器皿实现了直立,即"中则正"。当继续向容器中注水时,重心又升高至两绳索拉力交点的上方,再次出现类似于没注水时的情况,容易倾倒,即"满则覆"。

　　思考题 11:卫星的质心(重心)位置对卫星设计来说至关重要,直接关系到推进系统和姿态控制系统的设计,卫星设计阶段就需要考虑质心问题。经过仿真计算,在卫星装配完成后,还得专门测定质心位置。现有一个边长为 15cm 的立方星,如图 4.27 所示。试问如何测定其质心?

图 4.27　立方星

习 题

4.1 塔式桁架如图所示,已知载荷 F 和尺寸 l。求杆 1、2、3 的受力。

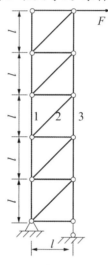

题 4.1

4.2 桁架的载荷和尺寸如图所示。求杆 CJ、HI 和 HD 的受力。

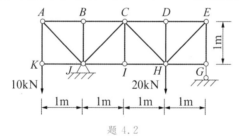

题 4.2

4.3 组合桁架由 ADG 和 LIG 两部分用铰链 G 连接而成。桁架的载荷和尺寸如图所示。求 EG 和 CG 两杆的受力。

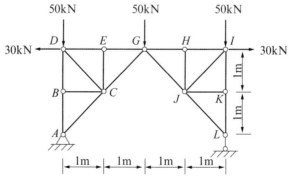

题 4.3

4.4 图示桁架的载荷 $F = 20\text{kN}$ 和尺寸 l 均为已知。求杆件 GL 和 KP 的受力。

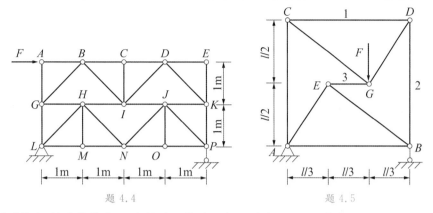

题 4.4   题 4.5

4.5 图示桁架所受的载荷 F 和尺寸 l 均为已知。求杆 1、2、3 受力。

4.6 一叠纸片按图示形状堆叠,其露出的自由端用纸粘连,成为两叠彼此独立的纸本 A 和 B。每张纸重 0.05N,纸片总数有 500 张,纸与纸之间以及纸与桌面之间的摩擦系数都是 0.1,假设其中一叠纸是固定的。求拉出另一叠纸所需的水平力 F。

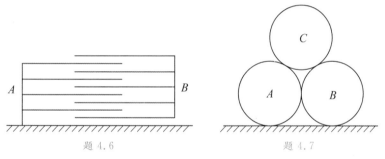

题 4.6   题 4.7

4.7 图示三个相同的均质圆柱体堆放在水平面上,A、B 两柱体之间接触而无任何挤压,水平面和圆柱体之间的摩擦因数为 f_{s1},圆柱体与圆柱体之间的摩擦因数为 f_{s2}。为使上面的圆柱体能放上去,f_{s1} 和 f_{s2} 值至少应为多少?

4.8 砖夹的宽度为 300mm,杆件 AGB 和 $GCDE$ 在点 G 铰接。砖重为 W,提砖的合力 T 作用在砖夹的对称中心线上,尺寸如图所示,砖夹与砖之间的静摩擦因数 $f = 0.3$。l 应为多大才能把砖夹起(l 是点 G 到砖上所受正压力作用线的距离)。

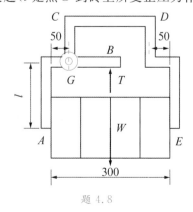

题 4.8

4.9 图示购物车因受到某一水平力作用产生运动，A、B 两接触点的静摩擦因数 $f_s = \dfrac{1}{3}$，不计障碍物重。求能够制动其车轮不转的圆形障碍物所具有的最大半径 r。

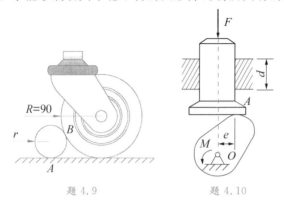

题 4.9   题 4.10

4.10 图示为凸轮顶杆机构，在凸轮上作用有力偶，其力偶矩的大小为 M，顶杆上作用有力 F。顶杆与导轨之间的静摩擦因数为 f_s，偏心距为 e，凸轮与顶杆之间的摩擦可忽略不计。要使顶杆在导轨中向上运动而不致被卡住，滑道的长度 d 应为多少？

4.11 用矩形钢箍来防止受拉伸载荷作用的两块木条料的相对滑动，如图所示，设钢箍与木料、木料与木料之间的静摩擦因数均为 0.2，且所有接触面同时产生相对滑动，$F = 500\text{N}$。求能够阻止滑动的钢箍最大尺寸 h。

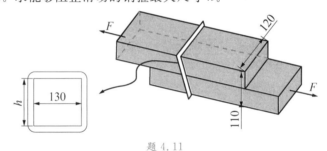

题 4.11

4.12 为了在较软的地面上移动一重为 800N 的木箱，可先在地面上铺上木板，然后在木箱与木板间放进钢管作为滚子，如图所示。若钢管直径 $d = 40\text{mm}$，钢管与木板、钢管与木箱间的滚动摩阻系数均为 $\delta = 0.2\text{cm}$，求推动木箱所需的水平力 F。若不用钢管，而使木箱直接在木板上滑动，已知木箱与木板间静滑动摩擦因数为 $f_s = 0.3$，求推动木箱所需的水平力 F。

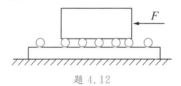

题 4.12

4.13 确定下述由 1、2 两均质部分组成的物体的重心坐标。已知两物体的密度关系为 $\rho_1 = \rho_2/2$，$l_1 = 10\text{cm}$，$l_2 = 50\text{cm}$。

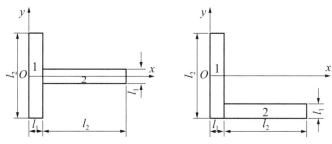

题 4.13

4.14　求图示平面图形的形心位置。尺寸单位为 mm。

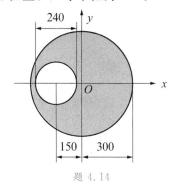

题 4.14

4.15　求图示平面图形的形心坐标。

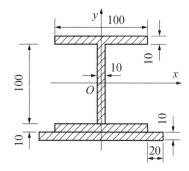

题 4.15

第 5 章

材料力学基础

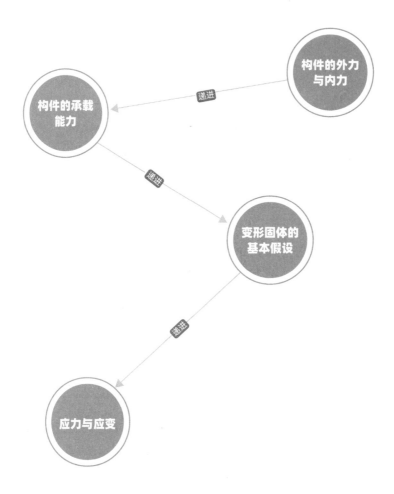

材料力学
基础

本章介绍构件的外力与内力、构件的承载能力、变形固体的基本假设、应力与应变等内容。这些内容是后续研究结构强度、刚度、稳定性的基础。

课前小问题：

　　1. 为什么体检抽血化验，只抽约 5ml 血液，就能够代表全身血液的性状？

　　2.《庄子·养生主》记载，"庖丁为文惠君解牛，手之所触，肩之所倚，足之所履，膝之所踦，砉然响然，奏刀騞然，莫不中音"，庖丁为什么能如此顺利解牛？

　　3.《后汉书·虞诩传》记载，"东汉武都太守虞诩遇到泉中大石塞流时，'乃使人烧石，以水灌之，石皆坼裂'"，虞诩这样做的力学依据是什么？

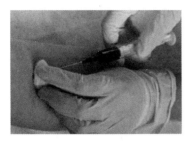

（a）抽血化验　　　　　　（b）庖丁解牛

图 5.1

5.1　构件的外力与内力

一、外　力

　　外力指的是作用在构件上的力，包括外加载荷和约束力。按照外力作用位置的不同，可以分为体积力和表面力。体积力是连续分布在构件各点处的力，重力就属于体积力。表面力可分为分布力和集中力。分布力指连续分布在构件表面的力，如水坝受到水的压力。如果分布力作用范围远小于构件的表面积，或沿构件轴线的分布范围远小于构件长度，则分布力可简化为作用于一点处的力，即集中力，如火车车轮对铁轨的压力属于集中力。

　　按照外力与时间的关系分类，又可以分为静载荷和动载荷。载荷缓慢地由零增加到某一定值后，保持不变或变化很不显著，这样的载荷属于静载荷。随时间显著变化或使构件产生明显加速度的载荷，称为动载荷，如交变载荷和冲击载荷。

冲击实验

二、内力及求解方法

1.内力

构件在外力作用下发生变形,其内部各部分之间因相对位置改变而引起的相互作用称为内力。内力随外力的变化而变化,达到某一极限时会引起构件破坏。构件的强度、刚度和稳定性与内力的大小及其在构件内的分布情况密切相关。内力分析是解决构件强度、刚度和稳定性的前提。

2.截面法求解内力

截面法求解构件的内力可分三步:

截:假想沿 m-m 横截面将杆件截开,如图 5.2(a)所示;

代:用内力代替弃去部分对留下部分的作用,如图 5.2(b)所示;

平:对留下部分列平衡方程,求出内力。

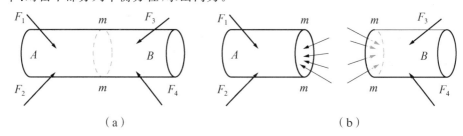

（a）　　　　　　　　　　　　　（b）

图 5.2　截面法求构件内力

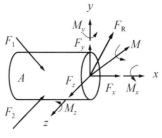

图 5.3

应用力系简化方法,连续分布的内力系可以向截面形心 O 简化成一主矢 $\boldsymbol{F}_{R}$ 和主矩 $\boldsymbol{M}$,将 $\boldsymbol{F}_{R}$ 和 $\boldsymbol{M}$ 沿 x 轴、y 轴、z 轴分解,可得该截面3个内力分量 F_x、F_y、F_z 和3个内力偶矩分量 M_x、M_y、M_z,如图 5.3 所示。

沿杆轴线方向的内力分量 F_x 使杆件产生轴线方向**拉伸或压缩变形**,称为轴力(axial force),通常也可用 F_N 表示;F_y 和 F_z 使两个相邻截面分别产生沿 y 和 z 方向的相互错动,这种变形称为**剪切变形**,这两个内力称为剪力(shearing force),通常也可用 F_{sy}、F_{sz} 表示;M_x 使杆件两个相邻截面产生绕杆件轴线的相对转动,这种变形称为**扭转变形**,内力偶矩 M_x 称为扭矩(torque),通常也可用 T 表示;M_y 和 M_z 使杆件的两个相邻截面产生绕横截面上某一轴线相互转动,使杆件分别在 xz 平面和 xy 平面内发生**弯曲变形**,内力偶矩 M_y 和 M_z 称为弯矩(bending moment)。轴向拉伸或压缩变形、剪切变形、扭转变形和弯曲变形是杆件变形的基本形式。

5.2　构件的承载能力

一、基本概念

变形:在外力作用下,固体内点相对位置的改变,包括物体形状的变化和尺寸的变化。

失效:由于各种原因使构件丧失正常工作能力的现象。

构件的失效在有些情况下会产生重大安全事故,如加拿大魁北克大桥在 1907 年 8 月 29 日下午突然坍塌,当场造成了至少 75 人死亡、多人受伤。这次事故是一起强调强度设计而忽略压杆屈曲失稳造成的桥梁坍塌。惨痛的教训引发人们的沉思。大桥坍塌后的废弃钢材被当地大学买走,做成戒指(称为"工程师之戒")赠予一批批学生,时刻提醒学生们要有责任意识。中国航天研究机构都有一个规章制度,即每当出现工程质量问题时,就会开展"技术归零"。"技术归零"有五条原则,即定位准确、机理清楚、问题复现、措施有效、举一反三。这五条原则是解决航天技术问题的法宝,也是中国航天事业取得一个又一个辉煌成就的保障。

二、构件的承载能力

构件的承载能力包括强度、刚度和稳定性。强度指的是构件应有足够抵抗破坏的能力。**强度失效**,指的是构件在外力作用下发生不可恢复的塑性变形或断裂。塑性变形指的是外力解除后不会消失的变形,如图 5.4 所示易拉罐的变形。相反,弹性变形是指随外力解除而消失的变形,如图 5.5 所示撑竿跳运动员手中撑竿的变形。

刚度指的是构件应有足够的抵抗弹性变形的能力。**刚度失效**,指的是构件在外力作用下产生过量的弹性变形,如图 5.6 所示,车床主轴如果刚度不足,会影响零件加工的精度。构件应有足够的保持原有平衡状态的能力,称为稳定性。**稳定失效**是指构件在外力作用下平衡形式发生改变。如图 5.7 所示,水稻茎秆的结构特性影响植株的稳定性,即抗倒伏性能,从而影响水稻的产量。

图 5.4　塑性变形的易拉罐　　　　图 5.5　弹性变形的撑竿

图 5.6 车床主轴

图 5.7 水稻茎秆

5.3 变形固体的基本假设

加工构件所用的材料,其微观尺度上的结构和力学性能比较复杂,工程上在进行强度、刚度和稳定性计算时,通常忽略次要因素,对材料做一些合理的假设。变形固体的基本假设有:连续性假设、均匀性假设、各向同性假设、小变形假设。

1.连续性假设

假设在构件所占有的空间内无空隙地充满了物质。实际上物质之间存在空隙,微观上是不连续的。而连续性假设表明,材料力学研究整个构件的强度、刚度、稳定性,从宏观角度认为材料连续,可用连续函数来表示构件的各力学量,如内力、应力、应变和位移等。

2.均匀性假设

假设材料的力学性能与其在构件中的位置无关。实际上各处力学性能在微观上是不同的,而均匀性假设表明构件内部任何部位所切取的微小单元体具有与构件完全相同的力学性能,即材料的力学性能与位置无关。体检时,只从手臂上抽取约 5ml 血液即可代表全身血液的性状,就是应用了均匀性假设。

3.各向同性假设

假设材料在各个方向具有相同的力学性能。真实情况是微观上单一晶粒不同方向上具有不同的力学性能,在这假设晶粒杂乱无章排列表现出来的宏观的力学性能没有明显的方向性,即各向同性假设。但有些材料的力学性能存在明显的方向性,即各向异性。如,木材、牛肉在竖纹和横纹方向上的力学性能相差很大,属各向异性材料,庖丁就是利用牛肉的各向异性特点顺利解牛。同样道理,劈柴时顺着纹理劈会更加容易,如图 5.8 所示。

图 5.8　劈柴

4.小变形假设

小变形假设指的是构件的变形远小于构件本身的几何尺寸。小变形假设存在以下作用,为后续研究带来方便:小变形假设保证构件处于纯弹性变形范围;小变形假设允许以变形前的受力分析代替变形后的受力分析;小变形假设保证叠加法成立。

5.4　应力与应变

一、正应力与切应力

如 5.1 节所述,内力是构件内部相连两部分之间连续分布的相互作用力。通常,内力在横截面上各点处的强弱程度是不相等的。如何度量一点处的内力强弱程度?引入内力分布集度,即应力。研究图 5.9 所示杆件横截面上面积 ΔA,假设作用在该面积上的内力为 ΔF_R。

于是,在此面积上分布内力的平均值为:

$$\bar{\sigma}=\frac{\Delta F_R}{\Delta A} \tag{5.1}$$

称为平均应力(average stress)。当 ΔA 趋于无穷小时,ΔA 区域的平均应力便趋于某一极限值,这一极限值能反映分布内力在该点处的强弱程度,称为集度,分布内力在一点处的集度称为应力。

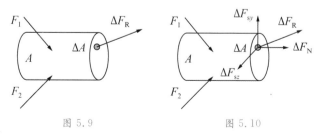

图 5.9　　　　　　　　　图 5.10

如图 5.10 所示,将 ΔF_R 沿 x、y、z 分解为三个分量 ΔF_N、ΔF_{sy}、ΔF_{sz}。于是就得到垂

直于横截面的应力,称为正应力,用 σ 表示;位于横截面上的应力,称为剪应力或切应力,用 τ 表示。正应力和切应力的极限定义为:

$$\sigma = \lim_{\Delta A \to 0} \frac{\Delta F_N}{\Delta A} \tag{5.2}$$

$$\tau = \lim_{\Delta A \to 0} \frac{\Delta F_s}{\Delta A} \tag{5.3}$$

国际单位制(SI)中应力的单位为 Pa($1\text{Pa}=1\text{N/m}^2$),但常用的是 MPa(10^6Pa)或 GPa(10^9Pa)。

虞诩"乃使人烧石",大石受热膨胀,然后"以水灌之",大石就会突然受冷收缩,此时会产生巨大的应力,从而实现"石皆圻裂"。

二、正应变与切应变

在应力作用下,构件将发生变形。围绕构件中的任意点截取微元体,研究微元体的变形特性,通过微元体变形累加就可以获得构件的变形特性。

对于正应力作用下的微元体,沿着正应力方向和垂直于正应力方向将分别产生伸长和缩短,称为线变形。描述构件在各点处线变形程度的量,称为线应变或正应变,用 ε 表示。微元体变形前 x 方向的长度为 $\mathrm{d}x$,变形后 x 方向的长度为 $\mathrm{d}x+\mathrm{d}u$,因此 x 方向上的正应变为:

$$\varepsilon_x = \frac{\mathrm{d}u}{\mathrm{d}x} \tag{5.4}$$

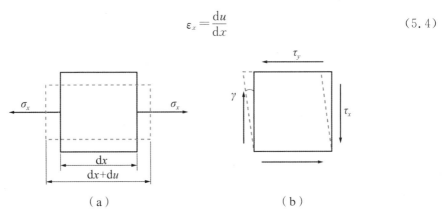

（a）　　　　　　　　　　（b）

图 5.11　正应变与切应变

切应力作用下,微元体将发生剪切变形。剪切变形的程度用微元体角度变化来度量。微元体相邻棱边夹角的改变量,称为剪应变或切应变,用 γ 表示。γ 的单位是 rad(弧度)。

正应变和切应变均为无量纲量。

习　题

5.1　两边固定的薄壁板,尺寸如图所示。变形后 AB 和 AC 两边保持为直线。A 点沿垂直方向向下位移 0.025mm。求 AB 边的平均应变和 AB、AC 两边夹角的变化。

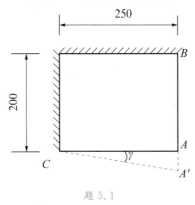

题 5.1

第 6 章

轴向拉伸与压缩

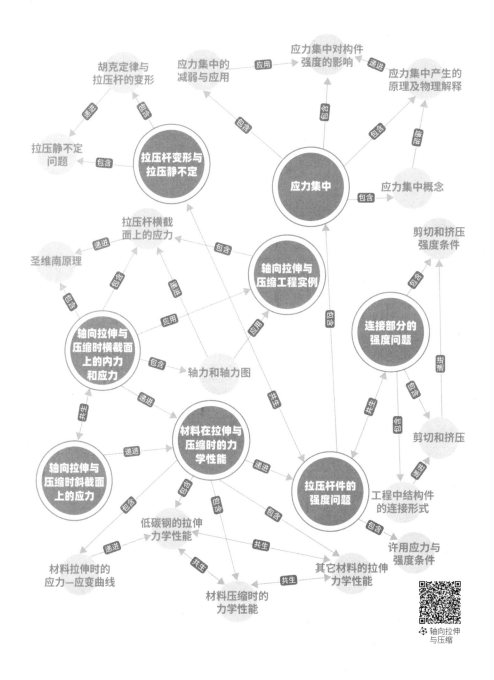

本章主要介绍材料在拉伸与压缩时的力学性能,拉压杆件的强度问题,连接部分的强度问题,应力集中问题,拉压杆变形与拉压静不定问题。

6.1 轴向拉伸与压缩工程实例

杆件最基本的一种受力或变形形式是轴向拉伸或轴向压缩。工程中有许多承受拉伸或压缩的案例,如图 6.1 所示的抽油机、挖掘机、吊机。这些受拉或受压杆件的共同点是:作用于杆件两端的外力合力作用线与杆件轴线重合,杆件变形是沿轴线方向的伸长或缩短,如图 6.2 所示。

（a）抽油机　　　　　　（b）挖掘机　　　　　　（c）吊机

图 6.1　工程轴向拉伸/压缩实例

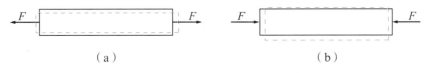

（a）　　　　　　　　　　　　（b）

图 6.2　轴向拉压杆件受力和变形特征

6.2　轴向拉伸与压缩时横截面上的内力和应力

一、轴力与轴力图

在轴向载荷 F 作用下,为了求得拉(压)杆横截面上的内力,根据第 5 章所述的截面法,可得杆件横截面上的内力为轴力 F_N。轴力或为拉力,如图 6.3(a)所示,或为压力,如图 6.3(b)所示。习惯上,把拉伸时的轴力规定为正,压缩时的轴力规定为负。

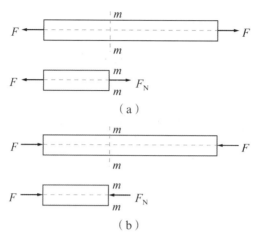

（a）

（b）

图 6.3 轴力示意图

若沿杆件轴线作用的外力多于 2 个，则在杆件各部分横截面上的轴力不尽相同。此时往往用轴力图表示轴力沿杆件轴线变化的情况。

例 6.1

图 6.4(a)所示左端固定的阶梯杆，在 B 截面和 C 截面分别承受轴向载荷 $4F$ 和 F，$F=10$kN。画杆的轴力图。

解：

（1）计算固定端支反力

设杆左端的支反力为 F_R，如图 6.4(b)所示。由平衡方程：

$$\sum F_x = 0, F_R - 4F - F = 0$$

得

$$F_R = 5F = 50\text{kN}$$

（2）分段计算轴力

AB 段和 BC 段的轴力分别用 F_{N1} 和 F_{N2} 表示，则由图 6.4(c)可知：

$$F_{N1} = -F_R = -50\text{kN}$$
$$F_{N2} = -F = -10\text{kN}$$

（3）画轴力图

根据上述各段轴力值，画轴力图如图 6.4(d)所示。

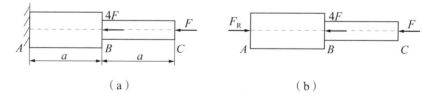

（a） （b）

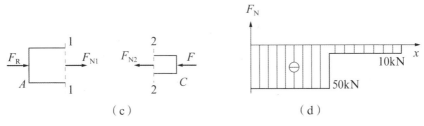

图 6.4

二、拉压杆横截面上的应力

在拉(压)杆的横截面上,与轴力 F_N 对应的应力是正应力 σ。为了求得 σ 的分布规律,从研究杆件的变形入手。变形前,在等截面直杆的侧面上画两条垂直于杆轴的直线 ab 和 cd。变形后,发现 ab 和 cd 仍为直线,且仍垂直于轴线,只是分别平移到 $a'b'$ 和 $c'd'$,如图 6.5(a)所示。根据这一现象可作如下假设:变形前为平面的横截面,变形后仍保持为平面且仍垂直于轴线。这就是拉压杆的平面假设。由此推断,拉杆所有纵向纤维的伸长是相等的。再根据均匀性假设,所有纵向纤维的力学性能相同,可以推定各纵向纤维的受力是一样的。因此,横截面上的正应力 σ 相等,即正应力均匀分布于横截面上,如图 6.5(b)所示。

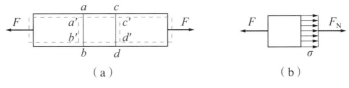

图 6.5

设杆件横截面面积为 A,轴力为 F_N,于是得

$$\sigma = \frac{F_N}{A} \tag{6.1}$$

正应力的正负符号与轴力相同,即拉应力为正,压应力为负。

例 6.2

例 6.1 所示的圆形截面阶梯杆,杆 AB 段与 BC 段的直径分别为 $d_1 = 40\text{mm}$, $d_2 = 20\text{mm}$。计算杆件横截面上的最大正应力。

解:

由例 6.1 可知,杆 AB 和杆 BC 的轴力分别为: $F_{N1} = -50\text{kN}$, $F_{N2} = -10\text{kN}$。

AB 段轴力较大,横截面面积也较大, BC 段轴力较小,横截面面积也较小。因此,需对两段杆的应力进行计算才能确定横截面上的最大正应力。

$$\sigma_1 = \frac{F_{N1}}{A_1} = \frac{4F_{N1}}{\pi d_1^2} = \frac{4 \times (-50 \times 10^3)}{3.14 \times (40 \times 10^{-3})^2} = -39.8\text{MPa}(\text{压应力})$$

$$\sigma_2 = \frac{F_{N2}}{A_2} = \frac{4F_{N2}}{\pi d_2^2} = \frac{4 \times (-10 \times 10^3)}{3.14 \times (20 \times 10^{-3})^2} = -31.8\text{MPa}(\text{压应力})$$

杆件横截面上的最大正应力为 $\sigma_{\max}=\sigma_1=-39.8\text{MPa}$。

三、圣维南原理

当作用在杆两端的轴向力沿横截面非均匀分布时,如图 6.5 所示的集中力 F,实际上集中力作用点附近的横截面应力也是非均匀分布。不过圣维南(Saint-Venant)指出,杆端荷载的不同分布形式只影响距离荷载作用区约杆件横向尺寸以内的应力分布,即**圣维南原理**。如图 6.6 所示,距离最左端和最右端为 h 的杆区域,即 1-1 截面左侧区域、2-2 截面右侧区域,应力分布不均匀,杆件其他部分应力趋于均匀分布。圣维南原理已被大量试验证实。

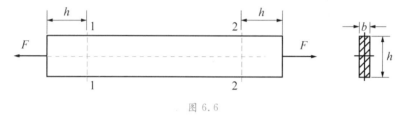

图 6.6

6.3   轴向拉伸与压缩时斜截面上的应力

工程实践表明,拉(压)杆的破坏并不总是发生在横截面上,有些材料发生在斜截面上。因此,有必要研究斜截面上的应力。

考虑如图 6.7 所示的拉杆,所受轴向拉力为 F,横截面面积为 A。沿外法线方向和轴线夹角为 α 的斜面 k-k 将杆件切开。根据横截面上正应力均匀分布的方法,可知斜截面上的应力也是均匀的,记为 p_α,如图 6.7(b)所示。

取左边段列平衡方程有:

$$p_\alpha \frac{A}{\cos\alpha}-F=0 \tag{6.2}$$

由此得斜截面上的应力为:

$$p_\alpha=\frac{F\cos\alpha}{A}=\sigma\cos\alpha \tag{6.3}$$

将应力 p_α 沿法向和切向分解(图 6.7(c)),得斜截面上的正应力与切应力分别为:

$$\sigma_\alpha=p_\alpha\cos\alpha=\sigma\cos^2\alpha \tag{6.4}$$

$$\tau_\alpha=p_\alpha\sin\alpha=\frac{\sigma}{2}\sin 2\alpha \tag{6.5}$$

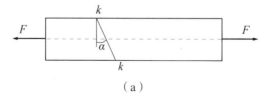

(a)

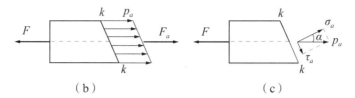

图 6.7　拉杆斜截面上的应力

上式可以看出,斜截面上不仅存在正应力,还存在切应力,两者大小均与方位角 α 有关。

由(6.4)式可知,当 $\alpha=0°$ 时,正应力最大,$\sigma_{max}=\sigma$,即拉压杆最大正应力发生在横截面上。由(6.5)式可知,当 $\alpha=45°$ 时,切应力最大,$\tau_{max}=\dfrac{\sigma}{2}$,即拉压杆最大切应力发生在与杆轴成 $45°$ 的斜截面上。

方位角与切应力的正负号规定如下:以 x 轴为始边,逆时针转动与外法线重合的方位角 α 为正;斜截面外法线沿顺时针方向旋转 90,与该方向同向的切应力 τ 为正。

6.4　材料在拉伸与压缩时的力学性能

构件的强度、刚度和稳定性与材料的力学性能密切相关。低碳钢在工程中应用广泛,其力学性能非常典型。本节以低碳钢为例,详细介绍其在拉伸和压缩时的力学性能。同时也简单介绍其他材料在拉伸与压缩时的力学性能。

一、材料拉伸时的应力－应变曲线

材料的力学性能试验均是针对标准试样进行的。标准拉伸试样如图 6.8 所示。

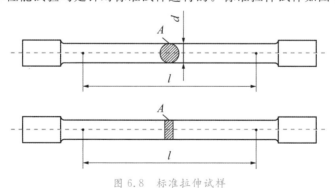

图 6.8　标准拉伸试样

根据 GB/T 228.1—2021《金属材料 拉伸试验 第 1 部分:室温试验方法》,若是圆截面试样,标距长度 l 和直径 d 满足的关系为 $l=10d$ 或 $l=5d$;若是矩形截面试样,标距长度 l 和横截面面积 A 满足的关系为 $l=11.3\sqrt{A}$ 或 $l=5.65\sqrt{A}$。

试验时,将试样安装在试验机上的上下夹头内,使试样承受轴向拉伸载荷,如图 6.9 所示。通过缓慢加载,试验机自动记录试样所受的载荷和变形量,通过计算,得到应力和应变的关系曲线,称为应力—应变曲线(stress-strain curve)。

图 6.9   拉伸试验装置

二、低碳钢的拉伸力学性能

1. 加载规律

(1)弹性阶段

如图 6.10 所示,OA 段,应力—应变曲线为一直线。在这个阶段,正应力与正应变成正比。A 点对应线性阶段的最高点,称为材料的比例极限,用 σ_p 表示。OA 的斜率即材料的弹性模量。

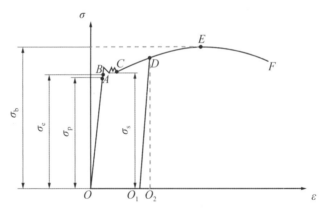

图 6.10   低碳钢拉伸应力—应变图

通过比例极限后,应力与应变之间不再保持正比关系,但若撤除载荷,材料变形能完全消失。这个阶段和 OA 段统称为弹性阶段。B 点对应弹性阶段的最高点,称为材料的弹性极限,用 σ_e 表示。

(2)屈服阶段

超过弹性极限后,当应力增加至某一定值时,应力—应变曲线出现略有波动的水平段。应力几乎不变,但应变急剧增长,这个阶段称为屈服阶段,如图 6.10 的 BC 段所示。这一阶段最低点的应力值称为屈服应力或屈服极限,用 σ_s 表示。

（3）硬化阶段

经过屈服阶段后，要使试样继续变形，得继续增加应力。这一阶段称为硬化阶段，如图 6.10 曲线中的 CE 段。E 点对应的正应力称为强度极限，用 σ_b 表示。

（4）颈缩阶段

应力超过强度极限后，试样开始发生局部变形，局部变形区域内横截面尺寸急剧缩小，这种现象称为颈缩，这个阶段称为颈缩阶段，如图 6.10 曲线中的 EF 段。出现颈缩后，试样变形所需拉力减小，应力—应变曲线出现下降，最后导致试样在颈缩处断裂，如图 6.11 所示。

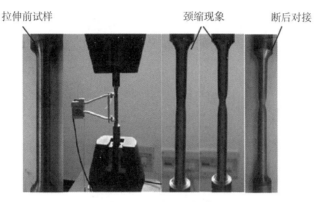
拉伸前试样　　　颈缩现象　　　断后对接

图 6.11　颈缩和断裂

这 4 个阶段的划分如图 6.12 所示。

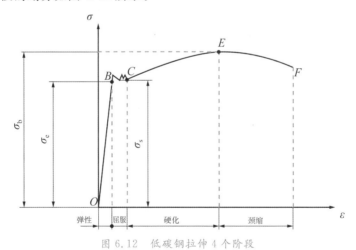

图 6.12　低碳钢拉伸 4 个阶段

2.卸载规律

通过大量试验，发现当应力小于弹性极限 σ_e 时停止加载，并逐渐卸去载荷，卸载过程中应力与应变之间的关系沿着 BAO 回到 O 点，即变形完全消失，如图 6.10 所示。过了屈服极限后，在硬化阶段某一点 D 卸载，则应力—应变曲线沿着图中的 DO_1 回到 O_1 点。直线 O_1D 与直线 OA 几乎平行。OO_1 表示卸载完成后残留的应变，称为残余应变或塑性应变。如果将卸载后存在残余应变的试样再次进行加载，加载过程中的应力—应变曲线

材料拉伸
试验

材料压缩
试验

将沿 O_1D 变化,过 D 点后仍沿原来的曲线 DEF 变化,直至 F 点断裂。因此,已有残余应变的试样其比例极限得到提高。这种由于预加塑性变形使材料的比例极限提高的现象,称为冷作硬化。

思考题 1: 煮饺子为什么要加几遍凉水?试从冷作硬化角度分析。

煮饺子

3.材料的塑性

塑性指的是材料能经受较大变形而不被破坏的能力。材料的塑性用伸长率 δ 和断面收缩率 ψ 两个指标来衡量。

$$\delta = \frac{l_1 - l_0}{l_0} \times 100\% \qquad (6.6)$$

$$\psi = \frac{A_0 - A_1}{A_0} \times 100\% \qquad (6.7)$$

式中,l_0 为试件原长(标距),A_0 为试样的初始横截面面积,l_1 为试样拉断时的长度(变形后的标距长度),A_1 为断口处最小的横截面面积。

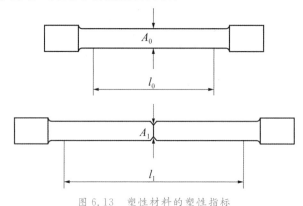

图 6.13 塑性材料的塑性指标

在工程上,通常将伸长率较大($\delta \geqslant 5\%$)的材料称为塑性材料,如结构钢与硬铝等;延伸率较小($\delta < 5\%$)的材料称为脆性材料,如灰口铸铁与陶瓷等。

三、低碳钢的压缩力学性能

低碳钢拉伸时的应力—应变曲线如图 6.14(a)中的实线所示,图中虚线表示压缩时的应力—应变曲线。在材料发生屈服前,压缩曲线与拉伸曲线基本重合,比例极限 σ_p、屈服极限 σ_s、弹性模量 E 与拉伸时均相同,但是强度极限 σ_b 测不出,即随着压力的增大,试件越压越扁,如图 6.14(b)所示。

（a）　　　　　　　　　　　（b）

图 6.14　低碳钢的压缩力学性能

四、其他材料的拉伸与压缩性能

对于没有明显屈服阶段的塑性材料，如硬铝、50 钢和 30 铬锰硅钢等，工程中通常以卸载后产生 0.2% 的残余应变的应力作为屈服应力，用 $\sigma_{0.2}$ 表示，如图 6.15 所示。

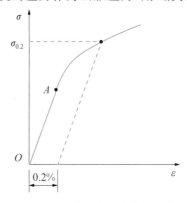

图 6.15　没有明显屈服阶段的塑性材料屈服应力

对于脆性材料，从开始加载直至试样被拉断，变形始终很小。这类材料拉伸实验过程中既没有明显的塑性变形，也没有屈服阶段和颈缩现象。图 6.16 所示的灰口铸铁应力—应变曲线就属于这种情况。试样拉断时，断口垂直于试样轴线，其强度极限 σ_b 就是拉断时的最大应力。

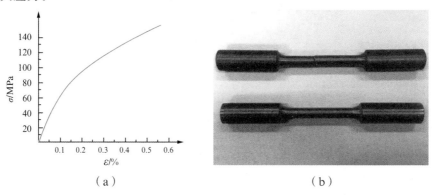

（a）　　　　　　　　　　　（b）

图 6.16　灰口铸铁拉伸力学性能

灰口铸铁压缩时的应力—应变曲线如图 6.17(a)所示,其压缩强度极限(σ_b)。是拉伸时的强度极限(σ_b)_t 的 3～4 倍。因此,脆性材料宜用作承压构件。灰口铸铁破坏形式如图 6.17(b)所示,断口与轴线约成 45°。

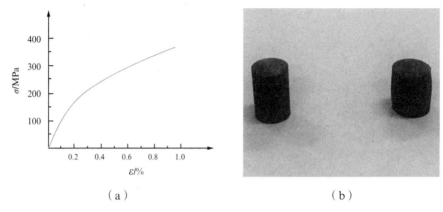

|(a)|(b)|

图 6.17 灰口铸铁压缩力学性能

常用材料的力学性能参考附录 A。

思考题 2:房屋的阳台多数都是挑梁结构,即从主体结构延伸出来,一端伸到墙的主体结构,另一端是悬臂梁结构,一般是采用钢筋和混凝土混合而成的结构。试从材料性能分析,如何布置钢筋和混凝土较为合适?

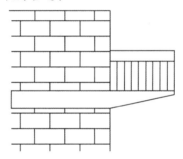

6.5 拉压杆件的强度问题

一、许用应力

试验表明,脆性材料制成的构件,在拉力作用下,正应力达到强度极限 σ_b 时,会发生断裂。塑性材料制成的构件,正应力达到屈服极限 σ_s 时,在断裂之前已出现较大塑性变形,已不能正常工作。断裂和塑性变形都是构件失效的形式。通常将强度极限(脆性材料)和屈服极限(塑性材料)统称为极限应力。

根据分析计算所得构件的应力称为工作应力。理想情况下,为了充分利用材料,实现

经济性,结构的工作应力应尽可能接近材料的极限应力。实际上由于作用在构件的外力通常估计不准确,实际材料的组成和品质也会存在差异,不能保证构件所用材料的力学性能与标准试样完全相同。因此,工程上为了确保**安全性**,构件需要具有一定的强度余量,尤其是对于因构件失效带来严重后果的场合,应留有更大的强度余量。

工作应力的最大允许值称为许用应力,用$[\sigma]$表示。许用应力与极限应力的关系是:

$$\begin{cases} [\sigma] = \dfrac{\sigma_s}{n} & \text{塑性材料} \\[2mm] [\sigma] = \dfrac{\sigma_b}{n} & \text{脆性材料} \end{cases} \tag{6.8}$$

式中,n 称为安全因数,是大于 1 的数。

材料的安全因数取值与其工作条件有关。各种材料在不同工作条件下的安全因数或许用应力,可以从相关规范和手册中查到。

二、强度条件

根据上述分析,为了保证构件工作过程中不发生破坏,要求构件内的最大工作应力 σ_{max} 不超过许用应力$[\sigma]$,即得构件轴向拉伸或压缩时的强度条件为:

$$\sigma_{max} = \left(\frac{F_N}{A} \right)_{max} \leqslant [\sigma] \tag{6.9}$$

根据以上强度条件,可进行三类强度问题的求解,即强度校核、截面设计、载荷确定。

(1)强度校核

已知构件的截面尺寸、许用应力、所受外载荷,通过比较工作应力与许用应力的大小,校核该构件能否安全工作。

(2)截面设计

已知构件的许用应力、所受外载荷,根据强度条件确定该构件所需横截面面积。如对于等截面拉压杆,所需横截面面积为:

$$A \geqslant \frac{F_{Nmax}}{[\sigma]} \tag{6.10}$$

(3)载荷确定

已知构件的横截面面积和许用应力,根据强度条件确定该构件所能承受的最大载荷为:

$$[F_N] = A[\sigma] \tag{6.11}$$

例 6.3

例 6.1 所示的圆形截面阶梯杆所用材料为某钢材,其许用应力为$[\sigma]=120\text{MPa}$,试对例 6.1 中的杆件进行强度校核。

解:

在例 6.2 中,已经求出杆 AB 和杆 BC 的应力分别为 $\sigma_1 = 39.8\text{MPa}$(压应力),$\sigma_2 = 31.8\text{MPa}$(压应力)。对于塑性材料,拉伸状态的许用应力与压缩状态的许用应力相等,统一表示成$[\sigma]$。对于脆性材料,拉伸状态与压缩状态的许用应力不相等,则分别用$[\sigma_t]$、

$[\sigma_c]$表示。

由前面计算所得的结果,可知:

$$\sigma_{max} = \sigma_1 = 39.8 \text{MPa} < [\sigma]$$

杆件满足强度条件。

若载荷 F 增加到 40kN,则最大正应力 $\sigma_{max} = \sigma_1 = 159.2 \text{MPa} > [\sigma]$,不满足强度要求,需要重新设计,可加大杆件的横截面面积,或重新选择许用应力较大的材料。

工程上,若最大工作应力 σ_{max} 略高于$[\sigma]$,但不超过$[\sigma]$的 5%,一般还是允许的。

例 6.4

如图 6.18(a)所示结构中,杆 1 的材料为碳钢,横截面面积 $A_1 = 200 \text{mm}^2$,许用应力 $[\sigma_1] = 160 \text{MPa}$;杆 2 的材料为铜合金,横截面面积 $A_2 = 300 \text{mm}^2$,许用应力 $[\sigma_2] = 100 \text{MPa}$。求此结构许可载荷$[F]$。

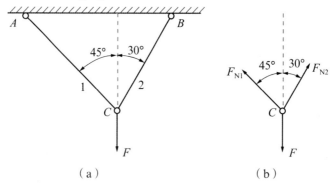

（a）　　　　　　　　　　（b）

图 6.18

解:

对节点 C 进行受力分析,如图 6.18(b)所示。列平衡方程:

$$\begin{cases} F_{N2}\sin 30° - F_{N1}\sin 45° = 0 \\ F_{N2}\cos 30° + F_{N1}\cos 45° - F = 0 \end{cases}$$

解得:

$$\begin{cases} F_{N1} = \dfrac{\sqrt{2}}{\sqrt{3}+1}F \approx 0.518F \quad (拉) \\ F_{N2} = \dfrac{2}{\sqrt{3}+1}F \approx 0.732F \quad (拉) \end{cases}$$

AC 杆和 BC 杆都应满足强度条件,则有:

$$\begin{cases} \sigma_1 = \dfrac{F_{N1}}{A_1} \leqslant [\sigma_1] \\ \sigma_2 = \dfrac{F_{N2}}{A_2} \leqslant [\sigma_2] \end{cases}$$

易得:

$$F \leqslant 61.78 \text{kN} \text{ 且 } F \leqslant 40.98 \text{kN}$$

取许可载荷为:$[F]=40.98$kN

例 6.5

图 6.19(a)所示为三角托架结构,AC 和 BC 为横截面相同的圆形钢材,已知 $F=75$kN,许用应力$[\sigma]=160$MPa。确定两杆的直径。

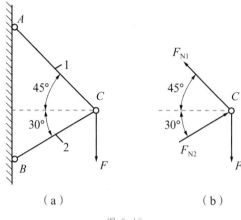

（a） （b）

图 6.19

解:

节点 C 受力分析如图 6.19(b)所示。

平衡方程为:

$$\begin{cases} F_{N2}\cos30° - F_{N1}\cos45° = 0 \\ F_{N2}\sin30° + F_{N1}\sin45° - F = 0 \end{cases}$$

解得:

$$F_{N1} = \frac{\sqrt{6}}{\sqrt{3}+1}F \approx 67.24\text{kN(拉)}, \quad F_{N2} = \frac{2}{\sqrt{3}+1}F \approx 54.90\text{kN(压)}$$

由强度条件可得:

$$\begin{cases} \sigma_1 = \dfrac{F_{N1}}{A} = \dfrac{4F_{N1}}{\pi d^2} \leqslant [\sigma] \\ \sigma_2 = \dfrac{F_{N2}}{A} = \dfrac{4F_{N2}}{\pi d^2} \leqslant [\sigma] \end{cases}$$

需要同时满足上两式,可算得:

$$d \geqslant \sqrt{\frac{4F_{N1}}{\pi[\sigma]}} = 23.13\text{mm}$$

6.6 连接部分的强度问题

一、工程中结构件的连接形式

工程中，构件与构件之间，常采用螺栓、铆钉、销钉、键等进行连接。如图 6.20(a)所示，皮卫星和分离机构用螺栓安装在离心机上进行模拟火箭上升段的力学环境试验。在进行飞机装配时，常用铆钉将蒙皮固定在飞机骨架上，如图 6.20(b)所示。如图 6.20(c)所示的剪刀，两片之间用销钉连接。齿轮和轴之间常用键连接，从而实现力矩的传递，如图 6.20(d)所示。

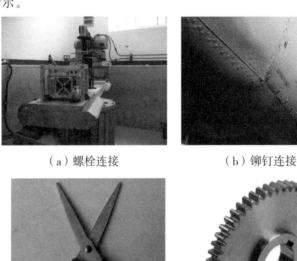

（a）螺栓连接　　　　　（b）铆钉连接

（c）销钉连接　　　　　（d）键连接

图 6.20　工程中的连接形式

连接件和被连接件可能存在三种形式的破坏：一是连接件（如铆钉）被剪断，称为剪切破坏；二是连接件和被连接件（如钢板）的接触面发生挤压破坏；三是被连接件沿连接件孔截面，因强度不足被拉断。本节将介绍连接件的强度计算方法。

二、剪切及其强度条件

如图 6.21(a)所示，销钉上作用有两个垂直于销钉轴线、距离很近的平行外力 F。当 F 过大时，销钉上下两部分将发生错动，甚至沿横截面被剪断，如图 6.21(b)所示。发生错动时的横截面称为剪切面。因此，对于受剪切连接件，必须考虑剪切强度问题。

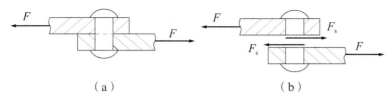

（a）　　　　　　　　　　（b）

图 6.21　剪切

思考题 3：如图 6.22 所示冲床冲压成型的原理，图 6.22(a)中 1 为冲头，2 为冲头上的橡胶柱，3 为待加工的材料，4 为将待加工材料夹在中间的上下两层钢板。图 6.22(b)所示冲压过程，图 6.22(c)为冲压完成的构件。请问冲压过程中剪切面的面积为多少？

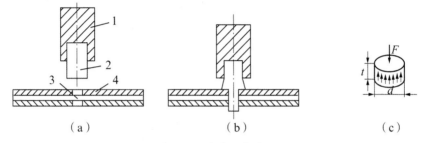

（a）　　　　　　　　　（b）　　　　　　　　　（c）

图 6.22　冲床工作原理

利用截面法，沿剪切面假想地将销钉切断，并选切断后的上半部分为研究对象。横截面上的内力，即剪切力，用 F_s 表示。由剪切力产生的应力称为切应力，用 τ 表示。在工程实践中，通常假设剪切面上的切应力均匀分布，连接件的切应力和剪切强度条件为：

$$\tau = \frac{F_s}{A_s} \tag{6.12}$$

$$\frac{F_s}{A_s} \leqslant [\tau] \tag{6.13}$$

式中，A_s 为剪切面的面积，$[\tau]$ 为连接件的许用切应力，单位为 Pa，常用 MPa 表示，等于剪切强度极限 τ_u 除以安全因数。对于塑性材料，一般满足 $[\tau] = (0.6 \sim 0.8)[\sigma]$，对于脆性材料 $[\tau] = (0.8 \sim 1.0)[\sigma]$。

三、挤压及其强度条件

销钉除了有可能被剪切破坏外，还有可能和构件发生挤压，在销钉和构件接触的局部区域产生显著塑性变形，如图 6.23(a)所示，从而影响销钉和构件的正常配合。这种现象在工程上通常是不允许的。发生挤压时的接触面称为挤压面。挤压产生的作用力称为挤压力，用 F_{bs} 表示，如图 6.23(b)所示。由于挤压力产生的应力称为挤压应力，用 σ_{bs} 表示。

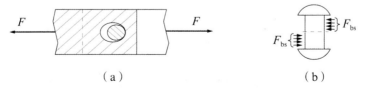

（a）　　　　　　　　　　（b）

图 6.23　挤压

如图 6.24(a)所示,当接触面为近似半圆柱侧面时(如螺栓、销钉等连接),根据实验与分析结果,若以圆柱面的正投影作为挤压面积,如图 6.24(b)所示,计算而得的挤压应力,与接触面上的实际最大应力大致相等。

因此,最大挤压应力可表示为:

$$\sigma_{bs} \approx \frac{F_{bs}}{\delta d} \tag{6.14}$$

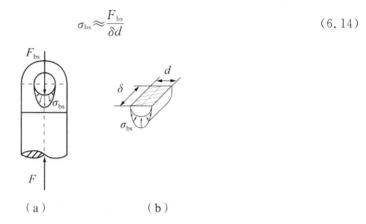

（a） （b）

图 6.24 挤压应力的分布

为防止挤压破坏,最大挤压应力 σ_{bs} 不得超过许用挤压应力 $[\sigma_{bs}]$,即挤压强度条件为:

$$\sigma_{bs} \leqslant [\sigma_{bs}] \tag{6.15}$$

对于塑性材料,一般满足 $[\sigma_{bs}]=(1.7\sim2.0)[\sigma]$,对于脆性材料,一般满足 $[\sigma_{bs}]=(0.9\sim1.5)[\sigma]$。

思考题 4:如图 6.25 所示钉盖挤压面的面积为多少?

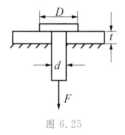

图 6.25

例 6.6

如图 6.26 所示,两块板材用 4 颗铆钉连接,板材和铆钉材料相同,承受拉力 $F=80kN$,板厚 $\delta=10mm$,板宽 $b=80mm$,铆钉直径 $d=16mm$,许用切应力 $[\tau]=100MPa$,许用挤压应力 $[\sigma_{bs}]=300MPa$,许用拉应力 $[\sigma]=160MPa$。校核接头的强度。

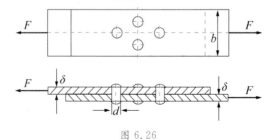

图 6.26

解：

（1）接头受力分析

当各铆钉的材料与直径均相同，且外力作用线在铆钉群剪切面上的投影，通过铆钉群剪切面形心时，通常即认为各铆钉剪切面上的剪力相等，即每个铆钉承受的剪力为 $F/4$，如图（a）所示。板材的轴力图如图（b）所示。

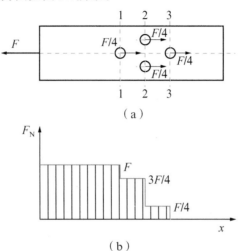

（a）

（b）

（2）强度校核

剪切强度校核：

$$F_s = \frac{F}{4}$$

$$\tau = \frac{4F_s}{\pi d^2} = \frac{F}{\pi d^2} = 99.5\text{MPa} < [\tau]$$

挤压强度校核：

$$F_{bs} = F_s = \frac{F}{4}$$

$$\sigma_{bs} = \frac{F_{bs}}{\delta d} = \frac{F}{4\delta d} = 125\text{MPa} < [\sigma_{bs}]$$

拉伸强度校核：

从轴力图中容易看出，1-1 截面的轴力较大，为 F，2-2 截面的面积较小，为 $(b-2d)\delta$，这两个截面是可能的危险截面。

$$\sigma_1 = \frac{F_{N1}}{A_1} = \frac{F}{(b-d)\delta} = 125\text{MPa} < [\sigma]$$

$$\sigma_2 = \frac{F_{N2}}{A_2} = \frac{3F}{4(b-2d)\delta} = 125\text{MPa} < [\sigma]$$

剪切、挤压和拉伸强度校核结果表明，接头强度均满足要求。

6.7 应力集中

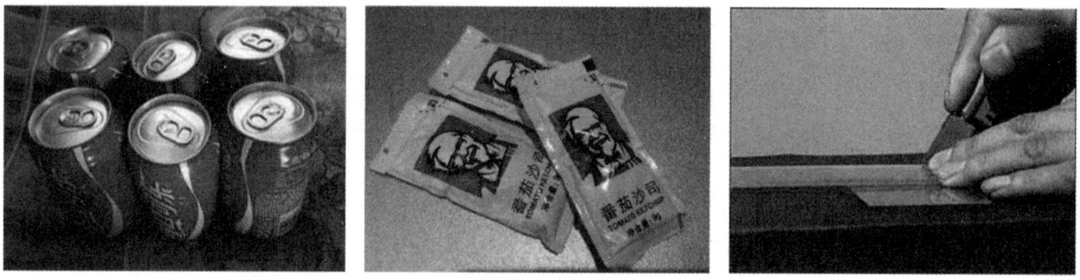

图 6.27　生活中的应力集中

砍树

一、应力集中概念

如图 6.28(a)所示,等截面直杆受轴向拉压时,横截面上应力均匀分布,且 $\sigma = F/A$。但由于工程需要,有些构件必须有切口、切槽、油孔、螺纹等,如图 6.28(b)和 6.28(c)所示,使得这些部位的截面尺寸突变,破坏了原有的应力分布。

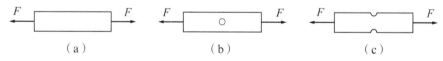

（a）　　　　　　　（b）　　　　　　　（c）

图 6.28　工程中的受拉杆件

在尺寸突变处应力是如何分布的呢? 为此,利用有限元分析软件对中间存在圆孔的矩形杆件进行静力学仿真分析。图 6.29 所示就是应力分布的仿真结果,当左右两端受力时,圆孔的上下两端应力最大。由于截面急剧变化引起应力局部增大现象,称为应力集中。

扫码看彩图

图 6.29　应力集中的有限元仿真结果

二、应力集中产生原因及物理解释

产生应力集中的可能原因包括:(1)截面的急剧变化,如:构件中的油孔、键槽、缺口、台阶等;(2)受集中力作用,如:齿轮轮齿之间的接触点,火车车轮与钢轨的接触点等;(3)材料本身的不连续性,如材料中的夹杂、气孔等;(4)装配、焊接、冷加工、磨削等过程而产生的裂纹。

如图 6.30 所示,对于受拉构件,应力流线是均匀分布的;当构件中有一圆孔时,应力流线在圆孔附近高度密集,产生应力集中,但这种应力集中是局部的,在离开圆孔稍远处,应力流线又趋于均匀。

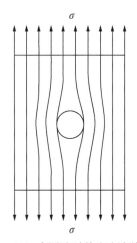

（a）无圆孔时的应力流线　　　（b）有圆孔时的应力流线

图 6.30　应力集中的物理解释

最大局部应力 $\sigma_{\max}$（如图 6.31 所示）和名义应力 σ_n 的比值定义为应力集中因数 α,即:

$$\alpha = \frac{\sigma_{\max}}{\sigma_n} \tag{6.16}$$

其中名义应力 σ_n 指的是不考虑应力集中条件下求得的应力,可得:

$$\sigma_n = \frac{F}{(b-d)\delta} \tag{6.17}$$

其中 b 为板的宽度, d 为孔的直径。

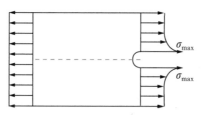

图 6.31 最大局部应力

三、应力集中对构件强度的影响

疲劳实验

对于脆性材料构件,如图 6.32(a)所示,当 $\sigma_{max} = \sigma_b$ 时,构件将发生断裂,因此用脆性材料设计构件时需要考虑应力集中的影响;对于塑性材料构件,如图 6.32(b)所示,当 σ_{max} 达到 σ_s 后再增加载荷,σ_s 分布趋于均匀化,不影响构件静强度,所以用塑性材料设计构件时通常可不考虑应力集中的影响。不过,对于塑性与脆性材料,应力集中促使疲劳裂纹的形成与扩展,对构件的疲劳强度影响极大。

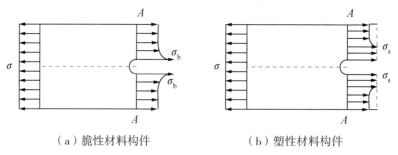

（a）脆性材料构件　　　　　　　（b）塑性材料构件

图 6.32 应力集中对构件强度的影响

四、应力集中的减弱与应用

工程和生活中有些有害的应力集中需要避免或减弱,而有些应力集中则可以加以利用。

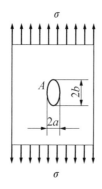

图 6.33 修改应力集中处的形状

改变应力集中处的形状可降低应力集中。如在保证构件正常工作的情况下,如果将圆孔改为椭圆孔,如图 6.33 所示,往往能提高构件的强度。根据弹性力学理论,椭圆孔的应力集中因数为:

$$\alpha = \frac{\sigma_{max}}{\sigma_n} = 1 + 2\frac{a}{b} \tag{6.18}$$

当 $b=a$，即为圆孔时，$\alpha=3$；当 $b=2a$，即为椭圆孔时，$\alpha=2$，应力集中因数降低。

合理增加应力集中数量也可以减弱应力集中因数。如图 6.34(a)所示的有一圆孔的无限大受拉板，如图 6.34(b)所示的在圆孔附近增加同样大小圆孔，两者相比，A 点的应力集中因数后者更小。

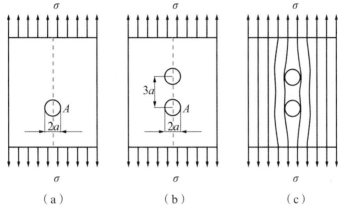

（a）　　　　（b）　　　　（c）

扫码看彩图

（d）

图 6.34　合理增加应力集中数量

这主要是因为边界条件的不连续性得到改善，如图 6.34(c)所示。有限元仿真结果如图 6.34(d)所示，和图 6.29 单孔相比，应力集中处的最大应力明显减小。但要注意的是增加应力集中数量时，应适当选取它们之间的距离。间距过大，会使每个应力集中以独立形式产生，从而失去增加应力集中数量的意义。

此外，增加倒角或卸载槽也可以降低应力集中，如图 6.35 所示。

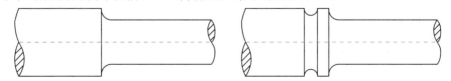

图 6.35　增加倒角或卸载槽降低应力集中

切西瓜时容易炸开就是由于应力集中。过于成熟的西瓜里面有很多气体，压力较大，刀从西瓜侧面切进去时，会产生一个切口，这个位置附近的应力就会急剧增加，从而容易炸开。若用一根筷子在西瓜瓜脐位置缓慢插入并轻轻转动，使西瓜内部的压力提前释放，可避免西瓜裂开。

另一个降低应力集中的实例是防刺衣,如图6.36所示。当锋利的刀刺过来时,防刺衣里的金属结构会立即把刀尖的力分散到周围,避免应力集中对身体造成伤害。

图6.36 防刺衣

生活中利用应力集中的例子也有很多:食品袋、易拉罐、划玻璃、砍树等都是利用应力集中现象。还有一个典型的案例是公交车上的应急窗,设计车窗时,在车窗玻璃的四个角设置了应力集中的结构,在发生紧急情况时,只要用应急锤敲打车窗的四个角,车窗玻璃就很容易破碎。

6.8 拉压杆变形与拉压静不定

《天工开物》

课前小问题:

《天工开物》(宋应星,1587—1666)是世界上第一部关于农业和手工业生产的综合性著作,外国学者称它为"中国17世纪的工艺百科全书"。里面有这样一个描述:"凡试弓力,以足踏弦就地,秤钩搭挂弓腰,弦满之时,推移秤锤所压,则知多少"。这句话描述了什么力学现象?

一、胡克定律与拉压杆的变形

1. 胡克定律

如6.4节所述,试验表明:当 $\sigma \leqslant \sigma_p$ 时,$\sigma = E\varepsilon$,即在比例极限内,正应力与正应变成正比,这就是胡克定律。E 为弹性模量,其量纲与应力相同,单位为 Pa,常用 GPa 表示,$1\text{GPa} = 10^9 \text{Pa}$。对于钢与合金钢,$E = 200 \sim 220\text{GPa}$;对于普通铝合金,$E = 70 \sim 72\text{GPa}$。

2. 拉压杆轴向变形

如图6.37(a)所示,等截面直杆两端受到力 F 作用,长度变长,伸长量为 Δl。则有:

$$\left.\begin{array}{l} \sigma = E\varepsilon \\ \sigma = \dfrac{F_{\mathrm{N}}}{A} \\ \varepsilon = \dfrac{\Delta l}{l} \end{array}\right\} \Rightarrow \Delta l = \dfrac{F_{\mathrm{N}} l}{EA} \tag{6.19}$$

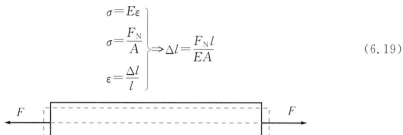

（a）等截面直杆拉压变形

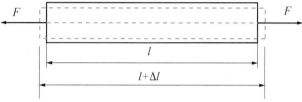

（b）变截面变轴力杆拉压变形

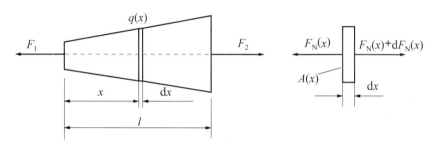

（c）阶梯形杆拉压变形

图 6.37　拉压杆的轴向变形

关系式 $\Delta l = \dfrac{F_{\mathrm{N}} l}{EA}$ 仍称为胡克定律。在比例极限内，拉压杆的轴向变形 Δl 与轴力 F_{N} 及杆长 l 成正比，与 EA 成反比。EA 为杆横截面的拉压刚度。规定 Δl 伸长为正，缩短为负。如图 6.37(b)所示，若杆件为变截面变轴力杆，取微段 $\mathrm{d}x$，对微段有：

$$\mathrm{d}(\Delta l) = \frac{F_{\mathrm{N}}(x)\mathrm{d}x}{EA(x)} \tag{6.20}$$

则对于整个杆件，有：

$$\Delta l = \int_{l} \frac{F_{\mathrm{N}}(x)}{EA(x)} \mathrm{d}x \tag{6.21}$$

如图 6.37(c)所示，若杆件是阶梯形杆，同理可得：

$$\Delta l = \sum_{i=1}^{n} \frac{F_{\mathrm{N}i} l_i}{E_i A_i} \tag{6.22}$$

式中，n 为杆段总数，F_{Ni}、l_i、E_i、A_i 分别为杆段 i 的轴力、长度、弹性模量及横截面面积。

3. 拉压杆横向变形

如图 6.38 所示，假设杆的原始横向尺寸是 b，在轴向力的作用下，横向尺寸变为 b'，横向变形量为 $\Delta b = b' - b$，横向应变为：

$$\varepsilon' = \frac{\Delta b}{b} \tag{6.23}$$

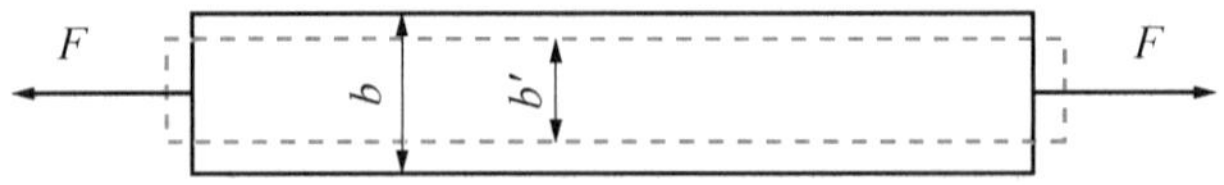

图 6.38 拉压杆的横向变形

试验表明，在比例极限内，$\varepsilon' \propto \varepsilon$，并异号，即：

$$\varepsilon' = -\mu\varepsilon \tag{6.24}$$

μ 为材料的泊松比，且 $0 < \mu < 0.5$。

$$\left.\begin{array}{r} \varepsilon' = -\mu\varepsilon \\ \sigma = E\varepsilon \end{array}\right\} \Rightarrow \varepsilon' = -\frac{\mu\sigma}{E} \tag{6.25}$$

几种常用材料的弹性模量与泊松比的值如表 6.1 所示。

表 6.1 常用材料的弹性模量与泊松比

材料名称	E/GPa	μ
Q235 钢	200～220	0.24～0.28
16Mn 钢	196～216	0.25～0.30
低碳钢	196～216	0.24～0.28
中碳钢	205	0.24～0.28
合金钢	186～206	0.25～0.30
灰铸铁	78.5～157	0.23～0.27
球墨铸铁	150～180	0.25～0.29
铜及其合金	72.5～127	0.31～0.42
铝合金	70～72	0.32～0.36
钢及其合金	100～110	0.31～0.36
混凝土	15～36	0.16～0.20

需要注意的是，当材料所处的环境温度变化范围较小时，材料的弹性模量经常被认为是常数，而当温度变化范围较大时，比如高超声速飞行器在飞行过程中，飞行器表面结构材料所处的环境温度能有上千度甚至数千度的变化，材料的弹性模量、屈服极限和强度极限一般都会随着温度的升高而减小。

思考题 5：泊松比有没有可能大于 0.5？有没有可能是负值？

高超声速
飞行器

例 6.6

图 6.39 所示螺栓,连接部分长度 $l=60\text{mm}$,内径 $d_i=10.1\text{mm}$,弹性模量 $E=200\text{GPa}$, 泊松比 $\mu=0.3$,拧紧时 AB 段的轴向变形为 $\Delta l=0.03\text{mm}$。求螺栓横截面上的正应力 σ, 螺栓的横向变形 Δd 和预紧力。

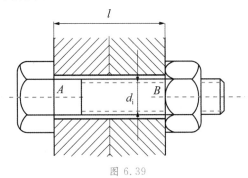

图 6.39

解:

(1)螺栓横截面正应力

$$\varepsilon=\frac{\Delta l}{l}=\frac{0.03}{60}=5\times10^{-4}$$

$$\sigma=E\varepsilon=200\times10^9\times5\times10^{-4}=100\text{MPa}$$

(2)螺栓横向变形

$$\varepsilon'=-\mu\varepsilon=-0.3\times5\times10^{-4}=-1.5\times10^{-4}$$

$$\Delta d=\varepsilon'd_i=-1.5\times10^{-4}\times10.1=-0.0015\text{mm}$$

螺栓直径缩小 0.0015mm。

(3)螺栓的预紧力

$$F=A\sigma=\frac{\pi}{4}(10.1\times10^{-3})^2\times(100\times10^6)=8.008\text{kN}$$

例 6.7

如图 6.40 所示,AB 为刚性杆,CD 为可变形斜撑杆,已知 $F_1=F$,$F_2=2F$,$AC=CB=l$。求截面 A 的位移 Δ_{Ay}。

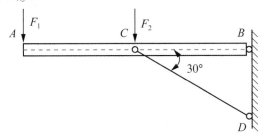

图 6.40

解:

(1)计算 CD 杆轴力 F_N

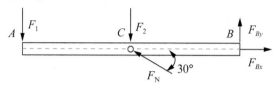

$$\sum M_B = 0, F_1 \cdot 2l + F_2 \cdot l - F_N \cdot l \sin 30° = 0 \rightarrow F_N = \frac{2F_1 + F_2}{\sin 30°} = 8F$$

(2)计算 CD 杆变形量 Δl

$$\Delta l = \frac{F_N l_{CD}}{EA} = \frac{8F \cdot \dfrac{l}{\sin 60°}}{EA} = \frac{16Fl}{\sqrt{3}EA}$$

(3)画 CD 杆变形图,计算截面 A 的位移 Δ_{Ay}

$$\Delta_{Ay} = \overline{AA'} = 2\,\overline{CC'} = 2 \cdot \frac{\Delta l}{\cos 60°} = \frac{64Fl}{\sqrt{3}EA} \quad (向下)$$

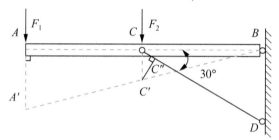

4.叠加法求拉压杆变形

例 6.8

如图 6.41 所示,AC 杆在 A 截面固定,在 B 截面和 C 截面分别作用 F_1、F_2,AB 和 BC 的长度分别为 l_1、l_2。分析杆 AC 的轴向变形 Δl。

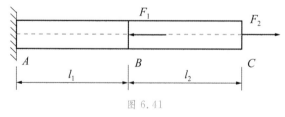

图 6.41

解法一(分段解法):

将 AC 杆分为 AB 段和 BC 段,求得 AB 段和 BC 段的内力分别为:$F_{N1} = F_2 - F_1$,$F_{N2} = F_2$,则 AC 杆总变形量等于两段变形之和,有:

$$\Delta l = \frac{F_{N1} l_1}{EA} + \frac{F_{N2} l_2}{EA} = \frac{F_2 (l_1 + l_2)}{EA} - \frac{F_1 l_1}{EA}$$

解法二(分解载荷法):

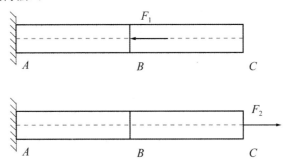

计算出 F_1 和 F_2 分别作用时杆件的变形,两者变形之和即为 AC 杆的变形。F_1 作用在 B 截面,变形杆件的长度为 l_1;F_2 作用在 C 截面,变形杆件的长度为 l_1+l_2。

$$\Delta l_{F_1}=-\frac{F_1 l_1}{EA},\Delta l_{F_2}=\frac{F_2(l_1+l_2)}{EA}$$

$$\Delta l=\Delta l_{F_1}+\Delta l_{F_2}=\frac{F_2(l_1+l_2)}{EA}-\frac{F_1 l_1}{EA}$$

几个载荷同时作用所产生的总效果,等于各载荷单独作用产生效果的总和,这就是叠加原理。要注意的是:当杆件内力、应力及变形与外力成正比关系时,才可以使用叠加原理。

二、拉压静不定问题

在之前讨论的问题中,杆件的轴力都可由静力平衡方程求得,这类问题称为静定问题。但有时杆件的轴力不能全由静力平衡方程求出,这类问题称为静不定问题。如图 6.42(a)所示,取 C 铰为研究对象,这是汇交力系,可列两个方程,求出 AC 杆和 BC 杆的轴力,这个结构属于静定结构。在图 6.42(a)基础上增加一条杆 DC,如图 6.42(b)所示。此时依然是汇交力系,可列两个方程,但未知的轴力有 3 个,这个结构属于静不定结构。静不定结构未知力的数量多于平衡方程的数量。两者之差称为静不定度。图 6.42(b)所示的属于一度静不定结构。

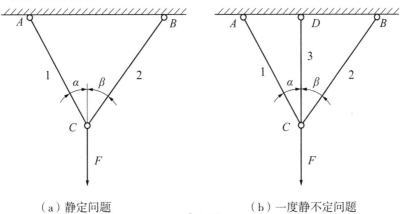

(a)静定问题   (b)一度静不定问题

图 6.42

为了求解静不定结构的未知力,除了运用平衡方程外,还必须研究各杆变形关系,借助于变形和内力的关系,从而建立内力之间关系的补充方程。

对于图 6.42(b)所示的静不定结构,受力图如图 6.43(a)所示,可建立两个平衡方程。在 F 的作用下 C 点的位置移到 C' 点,如图 6.43(b)所示。由 C' 点分别向三根杆的延长线作垂线,三个垂足和 C 点之间距离即为三根杆件的变形量 Δl_1、Δl_2、Δl_3,如图 6.43(c)所示。

各杆的变形间满足一定关系,可以得到变形协调方程 $f(\Delta l_1, \Delta l_2, \Delta l_3) = 0$,再根据物理方程 $\Delta l_i \sim F_{Ni}(i=1,2,3)$,可得补充方程。联立之前的两个平衡方程和补充方程,可求得各杆的内力。

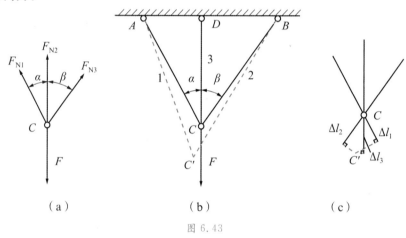

图 6.43

例 6.9

图 6.44(a)所示杆件,两端固定,在 C 截面作用一载荷 F。求固定杆的支反力。

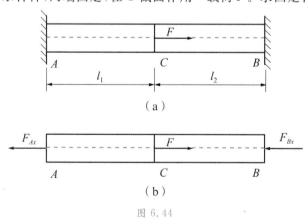

图 6.44

解:

对杆件进行受力分析,该系统有两个未知力 F_{Ax}、F_{Bx},如图 6.44(b)所示,但只能列一个水平方向力的平衡方程,是一度静不定问题,需要建立一个补充方程。

（1）静力学平衡方程

$$\sum F_x = 0, F - F_{Ar} - F_{Br} = 0 \qquad (a)$$

（2）变形协调方程

$$\Delta l_{AC} + \Delta l_{CB} = 0$$

（3）物理方程

$$\Delta l_{AC} = \frac{F_{N1} l_1}{EA} = \frac{F_{Ar} l_1}{EA}, \Delta l_{CB} = \frac{F_{N2} l_2}{EA} = \frac{(-F_{Br}) l_2}{EA}$$

（4）补充方程

$$F_{Ar} l_1 - F_{Br} l_2 = 0 \qquad (b)$$

（5）支反力计算

联立求解平衡方程（a）与补充方程（b），解得：

$$F_{Ar} = \frac{F l_2}{l_1 + l_2}, F_{Br} = \frac{F l_1}{l_1 + l_2}$$

1. 温度应力

构件在环境温度变化时会发生热胀冷缩。静定结构可自由变形，热胀冷缩不会产生构件的应力。而静不定结构，变形受到约束，温度的变化会产生应力。这种由于温度变化引起杆件的应力，称为热应力或温度应力。水泥路每隔一段距离就会切割留一条缝隙，目的就是避免温度应力造成路面的破坏。

例 6.10

如图 6.45（a）所示两端固定杆，已知材料的线膨胀系数为 α_l。计算当温度升高 ΔT 时，横截面上的应力 σ_T。

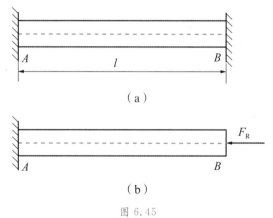

图 6.45

解：

设想拆除右端约束，用一个水平力 F_R 来代替，如图 6.45（b）所示。当温度升高 ΔT 时，杆件由于温度升高引起的伸长量为：

$$\delta_T = \alpha_l l \Delta T$$

在 F_R 作用下，杆件的压缩量为：

$$\Delta l = \frac{F_R l}{EA}$$

两个变形量代数和为 0,即变形协调条件:

$$\delta_T - \frac{F_R l}{EA} = 0$$

由此可解得:

$$F_R = \alpha_l EA \Delta T$$

故热应力为:

$$\sigma_T = \frac{F_R}{A} = \alpha_l E \Delta T$$

2. 装配应力

构件在装配时由加工误差引起的应力,称为装配应力。加工构件时,尺寸上的一些微小误差是难以避免的。对静定结构而言,加工误差只不过是造成结构几何形状的轻微变化,不会引起应力。但对于静不定结构,各杆或各杆段的轴向变形必须服从变形协调条件,杆长制造误差一般将引起装配应力。

例 6.11

图 6.46(a)所示桁架,结构左右对称,杆 3 比设计尺寸短 δ,装配后将引起应力。建立应力分析的平衡方程与补充方程。

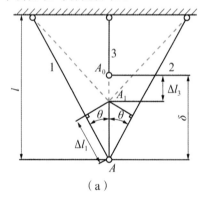 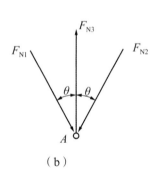

（a）　　　　　　　　　　（b）

图 6.46

解:

(1)画变形与受力图如图 6.46(b)所示。

(2)建立平衡方程:

$$F_{N3} - 2F_{N1} \cos \theta = 0$$

(3)建立补充方程:

$$\frac{F_{N3} l_3}{E_3 A_3} + \frac{F_{N1} l}{E_1 A_1 \cos \theta} \cdot \frac{1}{\cos \theta} = \delta$$

习　题

6.1　求图示各杆的轴力,并画轴力图。

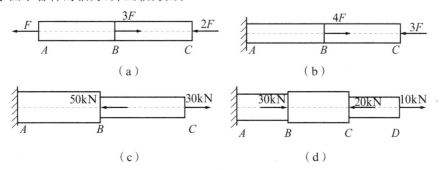

题 6.1

6.2　图示阶梯形圆截面杆,受轴向载荷 F_1 与 F_2 作用,AB 与 BC 段的直径分别为 $d_1=$ 60mm 和 $d_2=30$mm。欲使 AB 与 BC 段横截面上的正应力相同,求载荷 F_1 与 F_2 的比值。

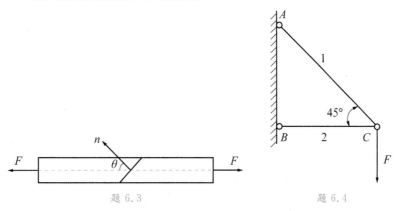

题 6.2

6.3　图示杆件,横截面面积 $A=2000$mm²,受轴向载荷 $F=20$kN 作用。计算和水平面夹角 $\theta=45°$ 的斜截面的正应力与切应力。

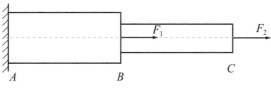

题 6.3

6.4　图示桁架结构,杆 1 和杆 2 为同一材料,横截面面积为 $A_1=A_2=100$mm²,许用拉应力 $[\sigma_t]=150$MPa,许用压应力 $[\sigma_c]=200$MPa。确定载荷 F 的许用值。

题 6.4

6.5 图示桁架,杆 1 的横截面为圆形,直径 $d = 30\text{mm}$,杆 2 的横截面为正方形,边长 $b = 20\text{mm}$,两杆材料相同,许用应力 $[\sigma] = 200\text{MPa}$,在该桁架节点 B 处承受铅直方向的载荷 $F = 100\text{kN}$ 作用。校核桁架的强度。

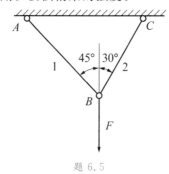

题 6.5

6.6 一圆截面阶梯杆受力如图所示,已知:$A_1 = 100\text{cm}^2$,$A_2 = 50\text{cm}^2$,$E = 200\text{GPa}$。求 AB 杆横截面上的应力和 AC 杆的总伸长量。

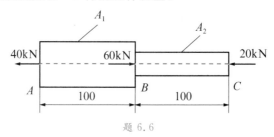

题 6.6

6.7 题 6.4 图示桁架结构,杆 1 和杆 2 为同一材料,$E = 200\text{GPa}$,横截面面积为 $A_1 = 100\text{mm}^2$,$A_2 = 150\text{mm}^2$,杆 2 长度 $l = 1\text{m}$,$F = 100\text{kN}$。计算节点 C 的水平与铅直位移。

6.8 图示两端固定等截面直杆,横截面的面积为 A,承受轴向载荷 F 作用。计算杆内横截面上的最大拉应力与最大压应力。

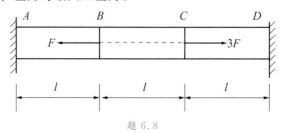

题 6.8

6.9 图示一平行杆系,三杆的横截面面积、长度均分别相同,分别用 A、l 表示,其中杆 1、2、3 的弹性模量分别为 E_1、E_2、E_3,且满足 $E_3 = 2E_2 = 4E_1 = 4E$。设 AC 为一刚性梁横梁。求在载荷 F 下的各杆的轴力。

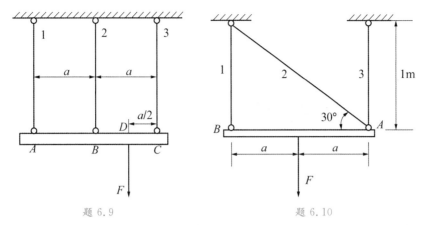

题 6.9   题 6.10

6.10 结构受力如图所示,各杆的材料和横截面面积均相同,面积 $A = 200\text{mm}^2$,材料的弹性模量 $E = 200\text{GPa}$,屈服极限 $\sigma_s = 280\text{MPa}$,强度极限 $\sigma_b = 460\text{MPa}$,$F = 50\text{kN}$。求:

(1)1、2、3 杆中的线应变分别为多少?

(2)节点 B 的水平位移、竖直位移、总位移分别为多少?

6.11 图示木榫接头,已知 $F = 20\text{kN}$,已知木的许用挤压应力 $[\sigma_{bs}] = 10\text{MPa}$,许用切应力 $[\tau] = 6\text{MPa}$。校核接头的强度。

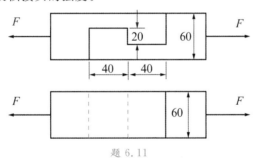

题 6.11

第 7 章

圆轴扭转

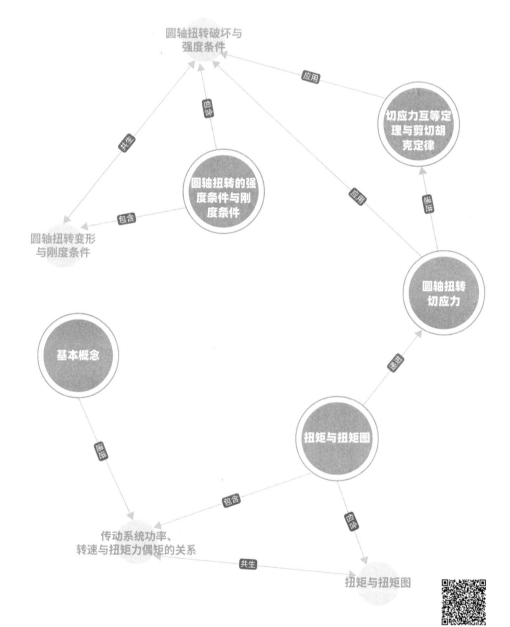

圆轴扭转破坏与
强度条件

切应力互等定
理与剪切胡
克定律

圆轴扭转的强
度条件与刚
度条件

圆轴扭转变形
与刚度条件

圆轴扭转
切应力

基本概念

扭矩与扭矩图

传动系统功率、
转速与扭矩力偶矩的关系

扭矩与扭矩图

应用

共生

包含

应用

碎片

递进

包含

凹陷

共生

凹陷

碎片

圆轴扭转

本章首先介绍扭矩与扭矩图等基本概念,然后分析圆轴扭转时横截面切应力的计算方法,最后阐述扭转强度设计和扭转刚度设计。

课前小问题:
同规格的无缝钢管和有缝钢管,哪种钢管能承受更大的扭矩?

7.1　基本概念

转动是动力传递的基本形式,比如:电机将电能转换成轴的转动;用螺丝刀拧螺钉时,手对螺丝刀施加力偶,使其绕中心轴线转动;开车打方向盘时,和方向盘连接的转向轴绕中心轴线转动。

上述例子的共同特点是:构件为直杆,构件横截面绕轴线作相对旋转,轴线仍为直线。以横截面绕轴线作相对旋转为主要特征的变形形式,称为扭转。使杆件产生扭转的外力偶,称为扭力偶,其矩称为扭力偶矩。杆件扭转时,矢量方向垂直于横截面的内力偶矩,称为扭矩。横截面间绕轴线的相对角位移,称为扭转角。以扭转为主要变形的杆件称为轴。工程上承担扭转的轴通常为圆截面轴,本章主要介绍圆截面轴的扭转相关内容。

7.2　扭矩与扭矩图

一、传动系统功率、转速与扭力偶矩的关系

电机、内燃机是最常用的动力源,通常型号选定后,其传递的功率和转速就可确定。在计算传动轴等转动构件内力之前,需要找出传动系统功率、转速与扭力偶矩之间的关系。由理论力学可知,力偶在单位时间内所做之功等于该力偶矩与相应角速度的乘积,即:

$$P = M \cdot \omega \tag{7.1}$$

其中,P 为功率(W),M 为外力偶矩(N・m),ω 为角速度(rad/s)。工程上,功率常用单位为千瓦(kW),转速的单位为转每分钟(r/min),常用 n 表示。因此,根据工程单位,(7.1)式变为 $P \times 10^3 = M \times \dfrac{2\pi n}{60}$,算得:

$$M_{\text{N・m}} = 9549 \frac{P_{\text{kW}}}{n_{\text{r/min}}} \tag{7.2}$$

二、扭矩与扭矩图

在外力偶矩的作用下,轴内部会存在扭矩使轴达到平衡。轴内部扭矩的大小和方向可采用截面法确定。如图 7.1(a)所示,圆轴两端作用有外力偶矩 M,在轴的任一横截面 $m\text{-}m$ 处截开,并任选一段(如左边段)作为研究对象,如图 7.1(b)所示。为了和外力偶矩 M 保持平衡,$m\text{-}m$ 截面上的内力必然也构成一个力偶,矢量方向垂直于 $m\text{-}m$ 截面,这个内力偶矩就是扭矩,用 T 表示,且 $T=M$。

当轴上有多个外力偶作用时,同样也可采用截面法求解各轴段上的内力偶矩。为了更直观地展示轴上的扭矩分布,以轴长度方向为横坐标、以扭矩大小为纵坐标,绘制而成的图为扭矩图。图 7.1(c)为图 7.1(a)受力情况下的扭矩图。

按右手螺旋法则将扭矩用矢量表示,规定矢量方向与横截面外法线方向一致的扭矩为正,反之为负。

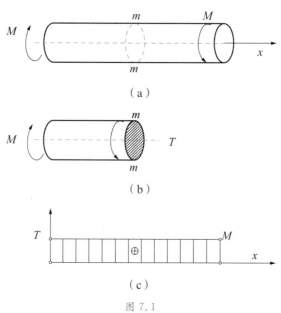

(a)

(b)

(c)

图 7.1

例 7.1

圆轴上有 4 个齿轮,传递的扭矩如图 7.2(a)所示,$M_1 = 12\mathrm{kN \cdot m}$,$M_2 = 25\mathrm{kN \cdot m}$,$M_3 = 8\mathrm{kN \cdot m}$,$M_4 = 5\mathrm{kN \cdot m}$。绘制扭矩图。

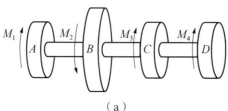

(a)

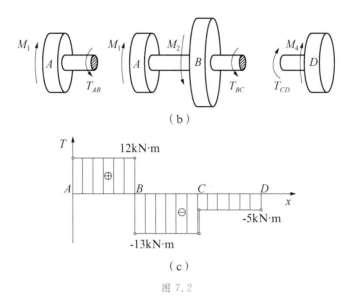

（b）

（c）

图 7.2

解：

由于传动轴上各齿轮传递的扭矩不同，轴上的扭矩也会有相应的变化。因此，可以采用截面法，依次将各轴段截开，由平衡方程求解扭矩。

分别用假想平面分 3 次将 AB 段、BC 段、CD 段截开，然后分别取截断后的左侧部分、左侧部分、右侧部分为研究对象，如图 7.2(b)所示，则相应的平衡方程为：

$$\begin{cases} M_1 - T_{AB} = 0 \\ M_1 - M_2 - T_{BC} = 0 \\ T_{CD} + M_4 = 0 \end{cases}$$

求得：$T_{AB} = 12\text{kN} \cdot \text{m}$，$T_{BC} = -13\text{kN} \cdot \text{m}$，$T_{CD} = -5\text{kN} \cdot \text{m}$。

根据上述结果绘制扭矩图，如图 7.2(c)所示。

思考题 1： 某传动轴上有 A、B、C 三个齿轮，传动轴转速 $n = 25\text{r/min}$，此轴上轮功率从齿轮 C 输入，输入功率为 15kW，从齿轮 A、B 输出，输出功率分别为 5kW、10kW。若要使轴受扭情况最好，从左往右该如何排布这三个齿轮？

7.3　切应力互等定理与剪切胡克定律

一、切应力互等定理

在圆轴表面等间距地画上纵线和圆周线，如图 7.3(a)所示。在圆轴两端施加一对扭力偶，其矩为 M。通过试验可以发现，各圆周线形状保持不变，仅绕轴线旋转，且在小变形时，各圆周线的大小与间距也不变，各条纵线均倾斜同一角度，如图 7.3(b)所示。

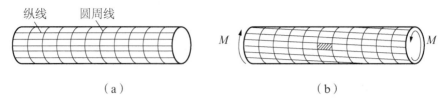

图 7.3

在受扭圆轴上用两横截面截取一小微段 dx，如图 7.4(a)所示，在小微段上取微六面体，六面体的三条边长分别为 dx、dy、dz，如图 7.4(b)所示。由于纵线均倾斜同一角度，即存在切应变，从而在横截面 $CDHG$ 上存在切应力，用 τ 表示。根据受力平衡条件，在横截面 $ABFE$ 上也存在大小相等方向相反的 τ，如图 7.4(c)所示。

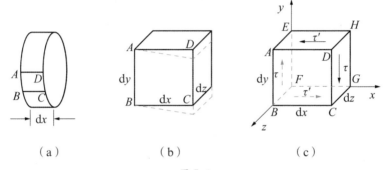

图 7.4

这两个切应力 τ 乘以横截面面积 $dydz$ 后就组成了一对力偶，其力偶矩为 $(\tau dydz)dx$。为了保持微六面体的平衡，在微六面体的两纵截面 $ADHE$、$BCGF$ 上，必然存在切应力 τ'，τ' 与作用面积乘积也组成一个力偶，其矩为 $(\tau'dxdz)dy$。这两个力偶矩大小相等、方向相反，即 $(\tau dydz)dx - (\tau'dxdz)dy = 0$。由此可得：

$$\tau = \tau' \qquad (7.3)$$

在微六面体的两个互相垂直的截面上，垂直于截面交线的切应力数值相等，方向均指向或均离开该交线，此结论称为切应力互等定理。

二、剪切胡克定律

在切应力 τ 的作用下，微六面体发生切应变 γ。当切应力不超过材料的剪切比例极限 τ_p 时，切应力和切应变存在线性关系。引入比例系数 G，则：

$$\tau = G\gamma \qquad (7.4)$$

(7.4)式称为剪切胡克定律。G 为切变模量。

对于各向同性材料，切变模量 G、弹性模量 E 与泊松比 μ 间存在以下关系：

$$G = \frac{E}{2(1+\mu)} \qquad (7.5)$$

7.4 圆轴扭转切应力

一、圆轴扭转切应力表达式

1.扭转平面假设

如上一节所述,圆轴扭转时,各圆周线形状保持不变,仅绕轴线作相对转动,而当变形很小时,各圆周线的大小与间距均不改变。根据这一现象,作如下假设:圆轴受扭发生变形后,其横截面依然保持平面,并且绕圆轴的轴线刚性地转过一角度。这就是扭转平面假设。计算圆轴扭转时横截面的切应力就是基于这一假设。

2.变形协调方程

为了计算横截面上各点处的扭转切应力,用相距 $\mathrm{d}x$ 的两个横截面及夹角为无限小的两个径向纵截面,从轴内截出一楔形体 O_1ABCDO_2 进行分析,如图 7.5(a)所示。

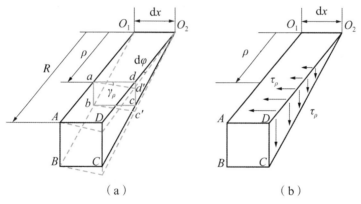

（a）　　　　　　　　　（b）

图 7.5

发生扭转时,距离 O_1O_2 为 ρ 处的矩形 $abcd$ 变为平行四边形 $abc'd'$,依据小变形假设,对应的切应变为:

$$\gamma_\rho \approx \tan\gamma_\rho = \frac{\overline{dd'}}{ad} = \frac{\overline{dd'}}{\mathrm{d}x} \tag{a}$$

两横截面的相对扭转角记为 $\mathrm{d}\varphi$,与 $\overline{dd'}$ 之间的关系为:

$$\overline{dd'} = \rho\mathrm{d}\varphi \tag{b}$$

联立(a)、(b)式可得圆轴扭转时的变形协调方程:

$$\gamma_\rho = \frac{\rho\mathrm{d}\varphi}{\mathrm{d}x} \tag{7.6}$$

式中,$\dfrac{\mathrm{d}\varphi}{\mathrm{d}x}$ 称为单位长度相对扭转角。对于相邻的两个横截面,$\dfrac{\mathrm{d}\varphi}{\mathrm{d}x}$ 为常量,因此横截面上任意点处的切应变与该点到截面中心的距离成正比。

3. 物理方程

根据剪切胡克定律，横截面上距离中心线为 ρ 处的切应力为：

$$\tau_\rho = G\rho\frac{\mathrm{d}\varphi}{\mathrm{d}x} \tag{7.7}$$

切应力方向为垂直于该点处的半径，如图 7.5(b)所示。从(7.7)式可以看出，切应力与 ρ 成正比。

思考题 2：试画出实心与空心圆轴横截面的扭转切应力分布图，并说明两者有何不同？

4. 静力学方程

在圆轴横截面上取微面积 $\mathrm{d}A$，该微面积距离圆心 O 为 ρ，该处的切应力为 τ_ρ，则作用在微面积上的力为 $\tau_\rho\mathrm{d}A$，对圆心的矩为 $\rho\tau_\rho\mathrm{d}A$，如图 7.6 所示。

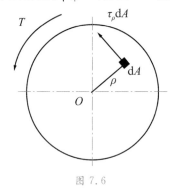

图 7.6

对整个横截面进行积分，得力矩之和，等于该截面的扭矩，即：

$$\int_A \rho\tau_\rho\mathrm{d}A = T \tag{c}$$

将(7.7)式代入(c)式，可得：

$$G\frac{\mathrm{d}\varphi}{\mathrm{d}x}\int_A \rho^2\mathrm{d}A = T \tag{d}$$

(d)式中，$\int_A \rho^2\mathrm{d}A$ 称为截面的**极惯性矩**，用 I_p 表示，即：

$$I_\mathrm{p} = \int_A \rho^2\mathrm{d}A \tag{7.8}$$

于是，(d)式可改写为：

$$\frac{\mathrm{d}\varphi}{\mathrm{d}x} = \frac{T}{GI_\mathrm{p}} \tag{7.9}$$

将(7.9)式代入(7.7)式，可得：

$$\tau_\rho = \frac{T\rho}{I_\mathrm{p}} \tag{7.10}$$

(7.10)式为圆轴扭转切应力的表达式。(7.10)式表明，切应力沿截面径向线性变化，最大切应力位于圆轴外表面。

思考题 3：若用力使树枝扭转，会使树皮沿轴线方向裂开，其力学原理是什么？

二、最大扭转切应力

当 ρ 取到圆截面边缘，即 ρ 等于圆截面半径 R 时，根据(7.10)式可得最大切应力为：

$$\tau_{max} = \frac{TR}{I_p} \tag{e}$$

式中，$\dfrac{I_p}{R}$ 称为抗扭截面系数，并用 W_p 表示，即：

$$W_p = \frac{I_p}{R} \tag{7.11}$$

因此，可得圆轴扭转的最大切应力为：

$$\tau_{max} = \frac{T}{W_p} \tag{7.12}$$

从(7.12)式可以看出，最大扭转切应力与扭矩成正比，与抗扭截面系数成反比。

三、常见截面的极惯性矩与抗扭截面系数

1. 实心圆截面

前述静力学方程中引入了截面对形心的极惯性矩为 $I_p = \int \rho^2 \mathrm{d}A$。对于横截面直径为 D 的实心圆轴，上述积分可写成如下形式：

$$I_p = \int_0^{\frac{D}{2}} \rho^2 2\pi\rho\mathrm{d}\rho = \frac{\pi D^4}{32} \tag{7.13}$$

相应的抗扭截面系数 W_p 有：

$$W_p = \frac{I_p}{\frac{D}{2}} = \frac{\pi D^3}{16} \tag{7.14}$$

2. 空心圆截面

对于横截面内外径分别为 d、D 的空心圆轴，其极惯性矩仍可由上式表述，但积分区间需限定在横截面的环形范围内，即：

$$I_p = \int_{\frac{d}{2}}^{\frac{D}{2}} \rho^2 2\pi\rho\mathrm{d}\rho = \frac{\pi}{32}(D^4 - d^4) = \frac{\pi}{32}D^4(1-\alpha^4) \tag{7.15}$$

其中，$\alpha = \dfrac{d}{D}$，为空心圆轴内外径的比值。同理，空心圆截面的抗扭截面系数为：

$$W_p = \frac{I_p}{\frac{D}{2}} = \frac{\pi D^3}{16}(1-\alpha^4) \tag{7.16}$$

例 7.2

如图 7.7 所示的实心钢制圆轴，长 $l = 300\mathrm{mm}$，直径 $D = 60\mathrm{mm}$，传递的扭矩为 $T = 2300\mathrm{N \cdot m}$。确定圆轴上的最大切应力。

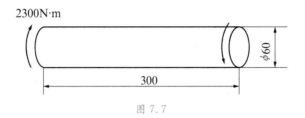

图 7.7

解：

圆轴受到扭矩的作用，横截面上有圆周方向的切应力，最大值位于外表面上。为此，先求解其极惯性矩：

$$I_p = \frac{\pi D^4}{32} = \frac{\pi \times 0.06^4}{32} = 1.27 \times 10^{-6} \, mm^4$$

将极惯性矩代入最大切应力公式可得圆轴上最大切应力：

$$\tau_{max} = \frac{TR}{I_p} = \frac{2300 \times 0.03}{1.272 \times 10^{-6}} = 54.2 MPa$$

例 7.3

风力发电机低速轴传递的功率 $P = 600 kW$，转速 $n = 18 r/min$。轴外径 $D = 0.4 m$，内径 $d = 0.3 m$，许用切应力 $[\tau] = 40 MPa$。校核该轴的强度。

解：

此轴为空心圆轴，且扭矩沿轴的长度方向相等，均等于外力偶矩。因此，需要先求解扭矩，再根据最大切应力公式校核轴的强度。

根据式（7.2），此轴的扭矩为：

$$T = 9549 \frac{P}{n} = 9549 \times \frac{600}{18} = 3.18 \times 10^5 \, N \cdot m$$

截面抗扭截面系数为：

$$W_p = \frac{\pi D^3}{16}(1 - \alpha^4) = \frac{\pi \times 0.4^3}{16} \times \left(1 - \left(\frac{0.3}{0.4}\right)^4\right) = 8.59 \times 10^{-3} \, m^3$$

所以，最大切应力为：

$$\tau_{max} = \frac{T}{W_p} = \frac{3.18 \times 10^5}{8.59 \times 10^{-3}} = 37.1 MPa < [\tau]$$

该轴的扭转强度符合要求。

7.5　圆轴扭转的强度条件与刚度条件

扭转实验

圆轴扭转时切应力过大会导致强度不足而发生破坏。有些场合下的圆轴尽管切应力尚未达到极限切应力，但扭转变形过大导致刚度不足而无法正常工作。因此，需要研究圆轴扭转的强度条件和刚度条件。

一、圆轴扭转破坏与强度条件

1. 圆轴扭转破坏

实验结果表明,低碳钢的切应力与切应变的关系曲线,类似于单向拉伸时拉应力与正应变的关系曲线,即也存在线弹性、屈服和断裂三个主要阶段。扭转屈服极限和扭转强度极限分别用 τ_s 和 τ_b 表示。对于铸铁等脆性材料,扭转过程中,没有明显的线弹性阶段和屈服阶段,直接发生脆性断裂。扭转强度极限用 τ_b 表示。

2. 圆轴扭转强度条件

将扭转屈服极限 τ_s(塑性材料)或扭转强度极限 τ_b(脆性材料)除以安全系数 n,得材料的扭转许用切应力 $[\tau]$:

$$\begin{cases} [\tau] = \dfrac{\tau_s}{n} & \text{塑性材料} \\[2mm] [\tau] = \dfrac{\tau_b}{n} & \text{脆性材料} \end{cases} \tag{7.17}$$

为保证轴工作时不会因强度不足而破坏,轴上最大扭转切应力 τ_{max} 不得超过 $[\tau]$,即满足:

$$\tau_{max} = \left(\frac{T}{W_p}\right)_{max} \leqslant [\tau] \tag{7.18}$$

(7.18)式即为圆轴扭转强度条件。若是等截面圆轴,抗扭截面系数为恒值,则(7.18)式可改写为:

$$\tau_{max} = \frac{T_{max}}{W_p} \leqslant [\tau] \tag{7.19}$$

实验研究表明,同一种材料的许用切应力与拉伸时许用正应力间存在一定的关系:

$$\begin{cases} [\tau] = (0.5 \sim 0.6)[\sigma] & \text{塑性材料} \\ [\tau] = [\sigma] & \text{脆性材料} \end{cases} \tag{7.20}$$

3. 圆轴合理截面设计

圆轴的合理截面设计就是在相同用料,即经济性相同的情况下,通过设计截面,使得圆轴所受的最大切应力尽可能小,即安全性最好;或在相同的安全性前提下,圆轴用料尽可能少,即经济性最好。

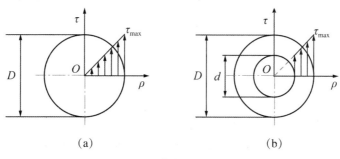

(a)　　　　　　　　　　(b)

图 7.8

如图 7.8(a)所示,当截面边缘的最大切应力达到许用切应力时,圆心附近各点处的切应力仍很小。可将圆轴做成空心的轴(外径和实心轴直径相同),如图 7.8(b)所示,即在同样安全性的前提下提高了经济性。如果空心轴的横截面面积和实心轴横截面面积相同,则空心轴 τ_{max} 的要小于实心轴的 τ_{max},即在同样经济性的前提下提高了安全性。

此外,如图 7.9 所示,在作用有单位长度的扭力偶矩 $m(m=M/l)$ 时,采用变截面轴与阶梯形轴有利于提高经济性。

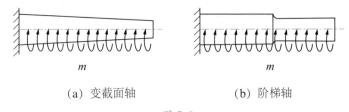

(a) 变截面轴   (b) 阶梯轴

图 7.9

思考题 4:为什么变截面轴与阶梯形轴有利于实现经济性?

例 7.4

已知一圆轴,材料许用切应力 $[\tau]=40\text{MPa}$,轴两端作用有扭力偶矩 $M=2\text{kN}\cdot\text{m}$。根据强度条件设计实心圆轴与 $\alpha=0.8$ 的空心圆轴,并进行经济性比较。

解:

(1)根据强度条件确定实心圆轴直径

当圆轴两端作用扭力偶矩 M 时,轴上各个横截面的扭矩 T 均等于 M,根据扭转强度条件,可算得圆轴直径。

$$\tau_{max}=\frac{T}{W_p}=\frac{T}{\dfrac{\pi d^3}{16}}\leqslant[\tau]$$

$$d\geqslant\sqrt[3]{\frac{16T}{\pi[\tau]}}=\sqrt[3]{\frac{16\times(2\times10^3)}{\pi\times(40\times10^6)}}=0.0634\text{m}$$

即 $d=63.4\text{mm}$。

(2)根据强度条件确定空心圆轴直径

空心圆轴内径和外径分别记为 d_i、d_o,根据扭转强度条件

$$\frac{16T}{\dfrac{\pi}{16}d_o^3(1-\alpha^4)}\leqslant[\tau]$$

算得:$d_o\geqslant\sqrt[3]{\dfrac{16T}{\pi(1-\alpha^4)[\tau]}}=75.6\text{mm}$。

取 $d_o=75.6\text{mm}$,$d_i=\alpha d_o=60.5\text{mm}$。

(3)经济性比较

经济性比较可以简化为所用材料重量的比较(这里不考虑加工工艺差别带来的经济性差异),对于长度相同的实心轴和空心轴,即横截面之比。

$$\beta = \frac{\frac{\pi}{4}(d_o^2 - d_i^2)}{\frac{\pi}{4}d^2} = 51.1\%$$

由此可见,在满足同样安全性的前提下,空心轴比实心轴省 48.9% 的材料。

二、圆轴扭转变形与刚度条件

1.圆轴扭转变形

圆轴的扭转变形用横截面绕轴线的相对角位移(扭转角)φ 来衡量。由(7.9)式,微段 dx 的扭转变形为:

$$d\varphi = \frac{T}{GI_p}dx \tag{7.21}$$

若两横截面间距离为 l,则扭转角 φ 为:

$$\varphi = \int_l \frac{T}{GI_p}dx \tag{7.22}$$

对于等截面圆轴,积分可得两横截面的相对扭转角为:

$$\varphi = \frac{Tl}{GI_p} \tag{7.23}$$

(7.23)式表明,扭转角 φ 与扭矩 T、圆轴长度 l 成正比,与 GI_p 成反比。GI_p 为圆截面的扭转刚度。

2.圆轴扭转刚度条件

扭转刚度校核是将单位长度上的相对扭转角限制在某一规定的许用值内,即构件需满足刚度条件:

$$\theta = \frac{d\varphi}{dx} = \frac{T}{GI_p} \leqslant [\theta] \tag{7.24}$$

式中,$[\theta]$ 为单位长度许用扭转角。精密机械轴取 $[\theta]=0.25\sim0.5(°)/m$,一般传动轴取 $[\theta]=0.5\sim1.0(°)/m$。需要注意的是 $\frac{T}{GI_p}$ 的单位是 rad/m,而 $[\theta]$ 的单位是 $(°)/m$,计算时要统一。

例 7.5

图 7.10 所示阶梯圆轴,已知 AB 段直径 $d_1=75mm$,BC 段直径 $d_2=50mm$,$P_1=35kW$,$P_2=50kW$,$P_3=15kW$,轴的转速 $n=200r/min$,轴材料的切变模量 $G=80GPa$,许用切应力 $[\tau]=60MPa$,单位长度许用扭转角 $[\theta]=2(°)/m$。(1)校核该轴的强度和刚度;(2)计算该轴的总扭转角 φ_{AC}。

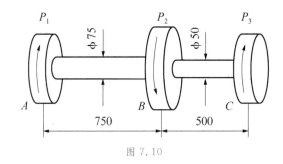

图 7.10

解:

（1）校核轴的强度和刚度

此阶梯轴各轴段传递的扭矩和直径均不相同，因此需要逐段校核。

1）计算外力偶矩，作扭矩图

作用在轮 A、轮 C 上的外力偶矩分别为:

$$M_1 = 9549\frac{P_1}{n} = 9549 \times \frac{35}{200} = 1.67 \times 10^3 \text{N} \cdot \text{m}$$

$$M_3 = 9549\frac{P_3}{n} = 9549 \times \frac{15}{200} = 0.72 \times 10^3 \text{N} \cdot \text{m}$$

应用截面法，可求得 AB 段扭矩为 $T_1 = M_1 = 1.67 \times 10^3 \text{N} \cdot \text{m}$，$BC$ 段扭矩为 $T_2 = -M_3 = -0.72 \times 10^3 \text{N} \cdot \text{m}$。作扭矩图:

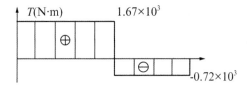

2）计算切应力，校核强度

从扭矩图上看，AB 段扭矩最大但直径也大，BC 段扭矩最小但直径也小，故需要通过分别计算才能确定最大切应力。

AB 段: $\tau_{1\max} = \dfrac{T_1}{W_{p1}} = \dfrac{1.67 \times 10^3}{\dfrac{\pi}{16} \times 0.075^3} = 20.2\text{MPa}$

BC 段: $\tau_{2\max} = \dfrac{|T_2|}{W_{p2}} = \dfrac{0.72 \times 10^3}{\dfrac{\pi}{16} \times 0.05^3} = 29.2\text{MPa}$

$\tau_{\max} = \tau_2 = 29.2\text{MPa} < [\tau]$，强度符合要求。

3）计算扭转角，校核刚度

同样道理，由于 AB 段和 BC 段扭矩不同，极惯性矩也不同，需分段计算单位长度扭转角。

AB 段: $\theta_1 = \dfrac{T_1}{GI_{p1}} = \dfrac{1.67 \times 10^3}{80 \times 10^9 \times \dfrac{\pi}{32} \times 0.075^4} \times \dfrac{180}{\pi} = 0.39(°)/\text{m}$

BC 段: $\theta_2 = \dfrac{T_2}{GI_{p2}} = -\dfrac{0.72 \times 10^3}{80 \times 10^9 \times \dfrac{\pi}{32} \times 0.05^4} \times \dfrac{180}{\pi} = -0.84(°)/\text{m}$

$\theta_{\max} = |\theta_2| = 0.84(°)/m < [\theta]$，刚度符合要求。

（2）计算扭转角 φ_{AC}

根据单位长度扭转角，分别计算 AB 段和 BC 段的扭转角。

AB 段：$\varphi_{AB} = \theta_1 \cdot l_{AB} = 0.39 \times 0.75 = 0.29°$

BC 段：$\varphi_{BC} = \theta_2 \cdot l_{BC} = -0.84 \times 0.75 = -0.42°$

总扭转角为：$\varphi_{AC} = \varphi_{AB} + \varphi_{BC} = -0.13°$

习　题

7.1　分析下列圆轴的扭矩，并画出扭矩图。

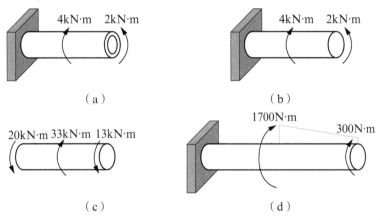

题 7.1

7.2　计算题 7.1(c)中圆轴上的最大切应力，已知轴的直径为 120mm。

7.3　钢制传动轴长 $l = 600mm$，外径 $D = 50mm$，内部孔径分别为 $d_1 = 25mm$ 和 $d_2 = 38mm$。计算此轴的最大切应力。

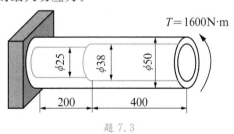

题 7.3

7.4　如图所示实心阶梯轴，已知材料切变模量 $G = 70GPa$。计算此轴的最大切应力，并计算右端的最大扭转角度。

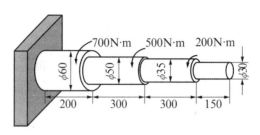

题 7.4

7.5 由低碳钢材料制成的圆轴,直径 $D=20\text{mm}$,长度 $l=200\text{mm}$。材料的许用剪切应力 $[\tau]=70\text{MPa}$。计算该轴在 $n=200\text{r/min}$ 和 $n=500\text{r/min}$ 时可转递的最大功率。

7.6 空心圆轴外径 $D=350\text{mm}$,传递的功率为 $P=7\text{MW}$,额定转速 $n=120\text{r/min}$,圆轴许用扭转角为 $[\theta]=1(°)/\text{m}$,许用切应力 $[\tau]=125\text{MPa}$,切变模量 $G=70\text{GPa}$。计算圆轴的最小壁厚。

7.7 汽车发动机最大功率 $P=220\text{kW}$,对应的转速为 $n=5000\text{r/min}$。材料的切变模量为 $G=80\text{GPa}$,许用切应力为 $[\tau]=70\text{MPa}$。计算:(1)最大功率时的扭矩;(2)若发动机输出轴为实心圆轴,最小直径是多少?(3)若此时变速箱传动比为 $2:1$,则变速箱输出轴最小直径是多少?

7.8 如图所示细长铁丝一端固定,长度 $l=10\text{m}$,另一端施加外力偶矩后转动了 2 圈,整个过程中铁丝保持直线状态。铁丝直径 $d=1\text{mm}$,切变模量 $G=70\text{GPa}$。计算此时由扭转产生的最大切应力。

题 7.8

7.9 一圆轴传递的外力偶矩为 $M=1000\text{N}\cdot\text{m}$,许用切应力 $[\tau]=50\text{MPa}$,许用扭转角 $[\theta]=0.25(°)/\text{m}$。已知材料切变模量 $G=80\text{GPa}$,泊松比 $\mu=0.3$。求:(1)实心圆轴,确定其直径;(2)空心圆轴,内外径比值为 $\alpha=0.8$,确定外径;(3)比较两种方案的重量比。

7.10 如图所示两端固定的实心圆轴,C 截面处有 $M=1500\text{N}\cdot\text{m}$ 的外力偶矩,已知材料的切变模量 $G=65\text{GPa}$。确定 A 和 B 端的约束力偶矩,并计算 C 截面的扭转角度。

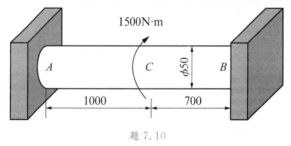

题 7.10

第 8 章

梁的弯曲内力

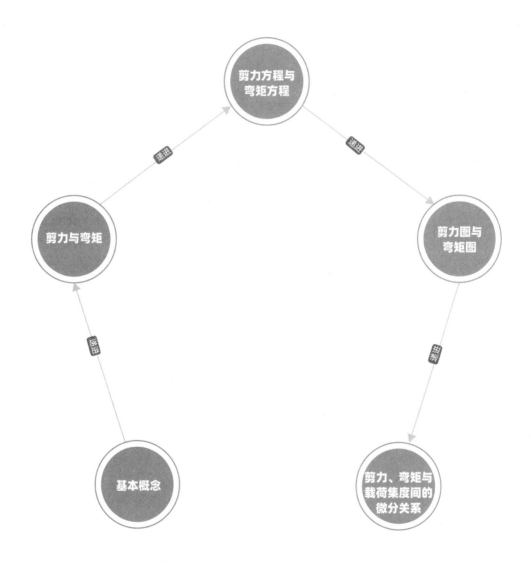

梁的弯曲
内力

本章首先介绍弯曲、梁的类型、剪力与弯矩等基本概念,再介绍剪力方程与弯矩方程,然后介绍梁的剪力图与弯矩图,最后讲述剪力、弯矩与载荷集度间的微分关系,并利用微分关系进行剪力图与弯矩图的绘制。

课前小问题:

　　自然界中绝大多数花卉都具有对称美,即花蕊和花托占据花的中心位置,而花瓣相对花蕊和花托是对称的。试从工程力学角度分析其合理性。

8.1　基本概念

　　杆件在垂直于其轴线的外力或在其轴线平面内的外力偶作用下,其轴线将由直线变为曲线。这种以轴线变弯为主要特征的变形形式,称为弯曲。弯曲是工程实际中常见的一种基本变形。以弯曲为主要变形的杆件,称为梁。

　　梁可分为静定梁和静不定梁。约束反力数少于或等于有效平衡方程数的梁称为静定梁。典型的静定梁有以下三种:一端固定铰支、另一端可动铰支的梁,称为简支梁,如图8.1(a)所示;一端固定,另一端自由的梁,称为悬臂梁,如图8.1(b)所示;具有一个或两个外伸部分的简支梁,称为外伸梁,如图8.1(c)所示。

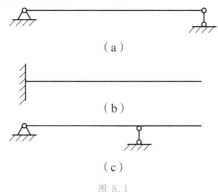

（a）

（b）

（c）

图 8.1

　　约束反力数超过有效平衡方程数的梁称为静不定梁,此时无法应用静力平衡方程求得全部支反力,需要考虑梁的变形,增加补充方程。

8.2　剪力与弯矩

　　梁发生弯曲时,其内力是何种形式? 图8.2(a)所示的任意梁,外力 F_1 和 F_2 均已知,

研究距离左端为 b 处的横截面 m-m 上的内力。

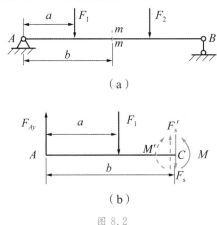

（a）

（b）

图 8.2

利用截面法，用横截面 m-m 将梁截断，并取左边段作为研究对象，如图 8.2(b)所示。将外力 F_1 和 F_{Ay} 均向横截面 m-m 形心 C 简化，简化结果为一个主矢 F_s' 和一个主矩 M'，如图 8.2(b)中的虚线所示，而 AC 梁要想保持平衡，横截面 m-m 必然会存在一个力 F_s、一个力矩 M 与简化所得的主矢和主矩大小相等，方向相反。F_s 称为剪力，即作用线位于所切横截面的内力；M 称为弯矩，即矢量位于所截横截面的内力偶矩。

剪力和弯矩的符号作以下规定：在所截横截面内侧取微段，使微段沿顺时针方向转动的剪力为正，使微段弯曲呈凹形的弯矩为正。如图 8.3(a)所示，取左边段进行分析，向下的剪力使微段沿顺时针方向转动，所以剪力向下为正。同理，取右边段进行分析，向上的剪力使微段沿顺时针方向转动，所以剪力向上为正。如图 8.3(b)所示，取左边段进行分析，逆时针的弯矩使微段弯曲呈凹形，故逆时针的弯矩为正。同理，取右边段进行分析，顺时针的弯矩使微段弯曲呈凹形，故顺时针的弯矩为正。

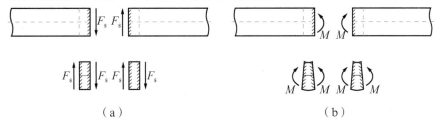

（a） （b）

图 8.3

例 8.1

图 8.4(a)所示外伸梁，承受集中载荷 qa、均布载荷 q 以及 $M=qa^2$ 的集中力偶矩的作用。截面 B- 代表距横截面 B 无限近并位于其左侧的横截面，截面 C+ 代表距横截面 C 无限近并位于其右侧的横截面。计算横截面 B-、C-、C+ 与 D- 的剪力和弯矩。

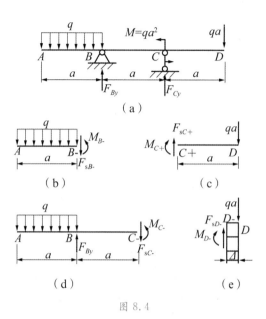

图 8.4

解：

（1）计算支反力

设支座 B 与 C 处的铅垂支反力分别为 F_{By} 与 F_{Cy}，由平衡方程

$$\sum F_y = 0, \quad F_{By} + F_{Cy} - qa - qa = 0$$

$$\sum M_B = 0, \quad \frac{1}{2}qa^2 + F_{Cy} \cdot a + M - qa \cdot 2a = 0$$

解得：$F_{By} = \frac{3}{2}qa$，$F_{Cy} = \frac{1}{2}qa$

（2）计算横截面 $B-$、$C-$、$C+$ 与 $D-$ 的剪力和弯矩

在截面 $B-$ 处截取梁左段为研究对象，如图 8.4(b) 所示，由平衡方程

$$\sum F_y = 0, \quad F_{sB-} + qa = 0$$

$$\sum M_{B-} = 0, \quad \frac{1}{2}qa^2 + M_{B-} = 0$$

解得：$F_{sB-} = -qa$，$M_{B-} = -\frac{1}{2}qa^2$

在截面 $C+$ 处切取梁右段为研究对象（图 8.4(c)），由平衡方程

$$\sum F_y = 0, \quad F_{sC+} - qa = 0$$

$$\sum M_{C+} = 0, \quad M_{C+} + qa^2 = 0$$

解得：$F_{sC+} = qa$，$M_{C+} = -qa^2$

在截面 $C-$ 处截取梁左段为研究对象（图 8.4(d)），由平衡方程

$$\sum F_y = 0, \quad F_{sC-} + qa - F_{By} = 0$$

$$\sum M_{C-} = 0, \quad qa \cdot \frac{3}{2}a - F_{By} \cdot a + M_{C-} = 0$$

解得：$F_{sC-}=\dfrac{1}{2}qa$，$M_{C-}=0$

在截面 $D-$ 处切取梁右段为研究对象(图 8.4(e))，Δ 为趋于 0 的一个量，由平衡方程

$$\sum F_y=0,F_{sD-}-qa=0$$

$$\sum M_{D-}=0,M_{D-}+qa\cdot\Delta=0$$

解得：$F_{sD-}=qa$，$M_{D-}=0$

思考题 1：小孩子背包时，时常被家长要求斜挎背包，而不是单肩背包。这样做的力学依据是什么？

8.3　剪力方程与弯矩方程

承受外力的梁，通常情况下，在轴线方向上不同截面或不同梁段内，其剪力和弯矩沿着梁的轴线发生变化。为分析剪力与弯矩沿着梁轴线方向的变化，在梁轴方向选取坐标 x 表示横截面的位置，建立剪力、弯矩沿坐标 x 方向变化的解析关系式，即：

$$F_s=F_s(x)$$

$$M=M(x)$$

上述关系式分别称为剪力方程和弯矩方程。

例 8.2

如图 8.5(a)所示，简支梁 AB 承受均布载荷作用，梁上的均布载荷为 q。求剪力方程和弯矩方程。

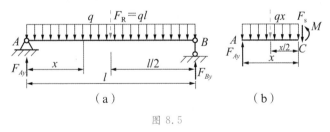

图 8.5

解：

(1)计算支反力

在计算支反力时，均布载荷 q 可以视为作用在 AB 中点的集中载荷 F_R。可算得 A 端与 B 端的支反力为：

$$F_{Ay}=F_{By}=\dfrac{ql}{2}$$

(2)建立剪力方程和弯矩方程

以横截面 A 的形心为坐标轴 x 的原点，以距离 A 端为 x 处截取左端梁为研究对象，

如图 8.5(b)所示,可列平衡方程:

$$\begin{cases} \sum F_y = 0, \ qx - F_{Ay} + F_s = 0 \\ \sum M_C = 0, \ M + \frac{1}{2}qx^2 - F_{Ay} \cdot x = 0 \end{cases}$$

得剪力方程和弯矩方程:

$$\begin{cases} F_s = \frac{1}{2}ql - qx & (0 < x < l) \\ M = \frac{1}{2}qlx - \frac{1}{2}qx^2 & (0 \leqslant x \leqslant l) \end{cases}$$

要注意的是,剪力方程中 x 不能取到两端点值。

8.4　剪力图与弯矩图

剪力与弯矩沿着梁轴方向变化的情况,还可用图示法表示。作图时,以 x 为横坐标轴,剪力 F_s 或弯矩 M 为纵坐标轴,分别绘制剪力与弯矩沿梁轴变化的图线,即剪力图与弯矩图。

进一步分析例 8.2,当得出剪力方程和弯矩方程后,即可画出剪力图与弯矩图,步骤如下:

(1)由剪力方程知剪力图为直线,且

$$F_s(0) = \frac{1}{2}ql, \ F_s(l) = -\frac{1}{2}ql$$

(2)由弯矩方程知弯矩图为二次抛物线,且

$$M(0) = 0, \ M(l) = 0, \ |M|_{max} = \left| M\left(\frac{l}{2}\right) \right| = \frac{1}{8}ql^2$$

则剪力图和弯矩图如图 8.6 所示。

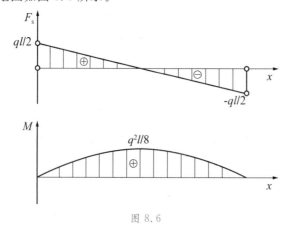

图 8.6

例 8.3

如图 8.7(a)所示桁车结构,载荷可沿桁车梁左右移动,在桁车梁 AB 的截面 C 处承受集中载荷 F 的作用。建立剪力方程与弯矩方程,画剪力图与弯矩图。

桁车

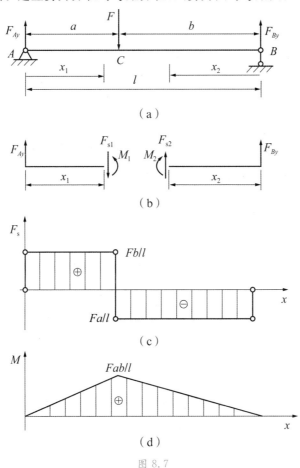

图 8.7

解:

(1)列平衡方程,计算支反力

$$\begin{cases} \sum M_A = 0, & Fa - F_{By} \cdot l = 0 \\ \sum M_B = 0, & Fb - F_{Ay} \cdot l = 0 \end{cases}$$

$$F_{Ay} = \frac{bF}{l}, F_{By} = \frac{aF}{l}$$

(2)建立剪力方程与弯矩方程

将梁 AB 在集中力 F 作用的横截面 C 处截断,分别取 AC 段距离 A 端 x_1 处截面、CB 段距离 B 端 x_2 处截面,如图 8.7(b)所示,分别建立剪力方程与弯矩方程。

AC 段：

$$\begin{cases} F_{s1}=F_{Ay}=\dfrac{bF}{l} & (0<x_1<a) \\[2mm] M_1=F_{Ay}x_1=\dfrac{bF}{l}x_1 & (0\leqslant x_1\leqslant a) \end{cases}$$

CB 段：

$$\begin{cases} F_{s2}=-F_{Ay}=-\dfrac{aF}{l} & (0<x_2<b) \\[2mm] M_2=F_{By}x_2=\dfrac{aF}{l}x_2 & (0\leqslant x_1\leqslant b) \end{cases}$$

（3）画剪力图与弯矩图

根据剪力方程和弯矩方程，可画剪力图和弯矩图，分别如图 8.7(c)、8.7(d)所示。从图 8.7(d)可看出，最大弯矩为 $M_{max}=\dfrac{abF}{l}$。最大剪力取决于 a 和 b 的值，若 $b>a$，则最大剪力为 $F_{smax}=\dfrac{bF}{l}$。

（4）讨论

由剪力图和弯矩图可知，在 F 作用处，左右横截面上的弯矩相同，但剪力值突变，突变值为 $|F_{s左}-F_{s右}|=F$。

思考题 2： 例 8.3 中列剪力方程和弯矩方程时，如果起点均为 A 端，所得的剪力方程与弯矩方程、剪力图与弯矩图和例 8.3 有何异同？

例 8.4

如图 8.8(a)所示，悬臂梁 AC 在 AB 段承受分布载荷 q 的作用，并在截面 B 处承受矩为 M_e 的集中力偶作用。建立剪力方程与弯矩方程，画剪力图与弯矩图。

解：

（1）列平衡方程，计算支反力

$$\begin{cases} \sum F_y=0, & F_{Cy}-qa=0 \\[2mm] \sum M_C=0, & qa\cdot\dfrac{3a}{2}-qa^2-M_C=0 \end{cases}$$

$$F_{Cy}=qa, M_C=\dfrac{1}{2}qa^2$$

（a）

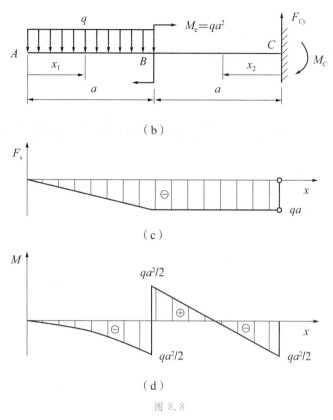

图 8.8

（2）建立剪力方程与弯矩方程

将梁 AC 在集中力偶 M_e 作用的横截面 B 处截断，分别取 AB 段距离 A 端 x_1 处截面、BC 段距离 C 端 x_2 处截面，如图 8.8(b)所示，分别建立剪力方程与弯矩方程。

AB 段：

$$\begin{cases} F_{s1} = -qx_1 & (0 < x_1 \leqslant a) \\ M_1 = -\dfrac{1}{2}qx_1^2 & (0 \leqslant x_1 < a) \end{cases}$$

BC 段：

$$\begin{cases} F_{s2} = -qa & (0 < x_2 \leqslant a) \\ M_2 = qax_2 - \dfrac{1}{2}qa^2 & (0 \leqslant x_2 < a) \end{cases}$$

（3）画剪力与弯矩图

根据剪力方程和弯矩方程，可画剪力图和弯矩图，分别如图 8.8(c)、8.8(d)所示。分别从图 8.8(c)、8.8(d)可看出，$F_{smax} = qa$，$M_{max} = \dfrac{1}{2}qa^2$。

（4）讨论

由剪力和弯矩图可知，在 M_e 作用处，左右横截面上的剪力相同，弯矩值突变，突变值为 $|M_左 - M_右| = M_e$。

花卉的对称结构可以用弯矩来解释。花蕊和花托比花瓣重得多，置于中心，可使其重力作用通过花柄,从而重力对花柄的弯矩为零,较轻的花瓣置于四周且对称分布,可使各花瓣的重力对花柄产生的弯矩相互抵消,总和趋于零,花柄就不会因为弯折而受损了。

思考题 3:从弯矩的角度分析,举重运动员在举重时,双手抓握距离大小多少合适?

8.5　剪力、弯矩与载荷集度间的微分关系

8.4 节介绍了利用剪力方程和弯矩方程绘制剪力图和弯矩图。本节介绍另一种更加简洁的绘制方法,即利用载荷集度、剪力与弯矩的微分关系来绘制。

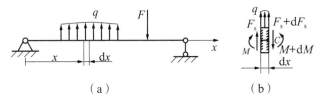

图 8.9

如图 8.9(a)所示,梁上作用分布载荷 q 和集中载荷 F。沿梁轴方向取为 x 轴,在坐标为 x 处,取微段 $\mathrm{d}x$,微段受力如图 8.9(b)所示,列平衡方程为:

$$\sum F_y = 0, \quad F_s + q\mathrm{d}x - (F_s + \mathrm{d}F_s) = 0 \tag{a}$$

$$\sum M_C = 0, \quad M + \mathrm{d}M - q\mathrm{d}x \cdot \frac{\mathrm{d}x}{2} - F_s\mathrm{d}x - M = 0 \tag{b}$$

忽略小量 $(\mathrm{d}x)^2$,由(a)和(b)两式可得:

$$\frac{\mathrm{d}F_s}{\mathrm{d}x} = q, \frac{\mathrm{d}M}{\mathrm{d}x} = F_s, \frac{\mathrm{d}^2 M}{\mathrm{d}x^2} = q$$

上述式子表明:剪力图某点处的切线斜率 $\dfrac{\mathrm{d}F_s}{\mathrm{d}x}$,等于相应截面处的载荷集度 q;弯矩图某点处的切线斜率 $\dfrac{\mathrm{d}M}{\mathrm{d}x}$,等于相应截面处的剪力 F_s;而弯矩图某点处的二阶导数 $\dfrac{\mathrm{d}^2 M}{\mathrm{d}x^2}$,则等于相应截面处的载荷集度 q。因此,可以根据上述微分关系直接画出剪力图与弯矩图,不再需要列出剪力方程与弯矩方程。

需要注意的是在画剪力图与弯矩图时 q 向上为正,x 向右为正。总结出画剪力图与弯矩图时的规律如表 8.1 所示。

表 8.1　剪力图与弯矩图和 $q(x)$ 之间的关系

q	$q(x)=0$	$q(x)=c<0$	$q(x)=c>0$
F_s 图	————————		
M 图	直线 （斜率正负取决于剪力图水平线的正负）	二次凸曲线	二次凹曲线

例 8.5

如图 8.10(a)所示,简支梁 AB 在截面 A 处承受力矩为 M_e 的集中力偶作用,试利用剪力、弯矩与载荷集度间的微分关系画出剪力图与弯矩图。

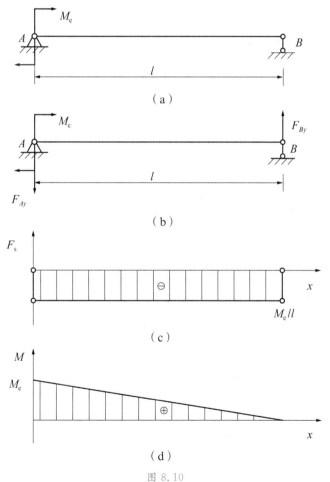

（a）

（b）

（c）

（d）

图 8.10

解：

(1)列平衡方程，计算支反力

分析梁受力，如图 8.10(b)所示，列平衡方程：

$$\begin{cases} \sum F_y = 0, & F_{Ay} - F_{By} = 0 \\ \sum M_A = 0, & F_{By} \cdot l - M_e = 0 \end{cases}$$

解得：$F_{Ay} = \dfrac{M_e}{l}$，$F_{By} = \dfrac{M_e}{l}$

(2)画剪力图与弯矩图

根据已知条件，梁上没有分布载荷 q，根据表 8.1，剪力图是一条水平线，可算得 $F_{sA+} = -\dfrac{M_e}{l}$，因此剪力图是初值为 $-\dfrac{M_e}{l}$ 的水平线，如图 8.10(c)所示。同时可算得，$M_{A+} = M_e$，因此弯矩图是初值 M_e、斜率是 $-\dfrac{M_e}{l}$ 的直线，如图 8.10(d)所示。

例 8.6

如图 8.11(a)所示，简支梁 AB 的 BC 段承受均布载荷 q，在 C 处承受矩为 $M_e = \dfrac{5}{8}ql^2$ 的集中力偶作用。利用剪力、弯矩与载荷集度间的微分关系画出剪力图与弯矩图。

解：

(1)列平衡方程，计算支反力

分析梁受力，如图 8.11(b)所示，列出平衡方程：

$$\begin{cases} \sum F_y = 0, & -F_{Ay} + F_{By} - \dfrac{ql}{2} = 0 \\ \sum M_A = 0, & F_{By} \cdot l - \dfrac{ql}{2} \cdot \dfrac{3l}{4} - M_e = 0 \end{cases}$$

解得：$F_{Ay} = \dfrac{ql}{2}$，$F_{By} = ql$

(2)画剪力图与弯矩图

剪力图：AB 段，无分布载荷，剪力图为一水平直线，可算得 $F_{sA+} = -\dfrac{ql}{2}$，因此剪力图是初值为 $-\dfrac{ql}{2}$ 的水平线；BC 段，有向下的均布载荷 q，剪力图为斜率为 $-q$ 的斜直线，剪力在 C 截面连续。整体剪力图如图 8.11(c)所示。

弯矩图：AB 段，弯矩图为起点为 0、斜率为 $-\dfrac{ql}{2}$ 的直线。弯矩在 C 截面发生突变，突变的值为 M_e；BC 段，弯矩图是二次凸曲线。整体弯矩图如图 8.11(d)所示。

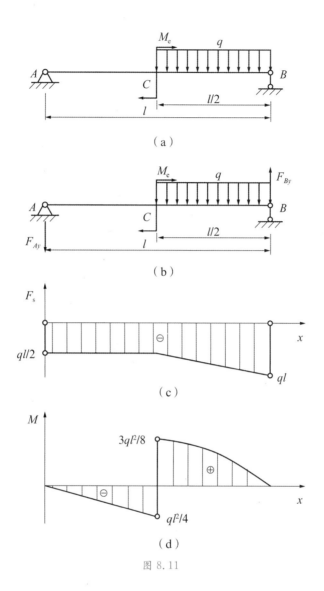

图 8.11

习　题

8.1　计算图示各梁指定截面(标有细线处)的剪力与弯矩。

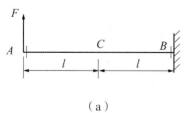

（a）

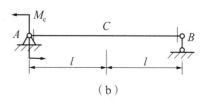

（b）

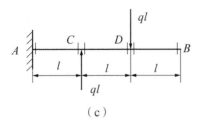 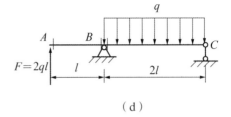

（c） （d）

题 8.1

8.2 建立图示各梁的剪力与弯矩方程，并画剪力与弯矩图。

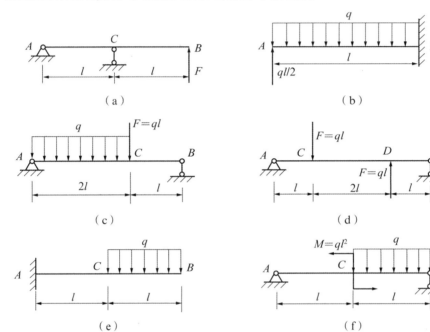

题 8.2

8.3 已知梁的剪力与弯矩图，画出梁的外力图。

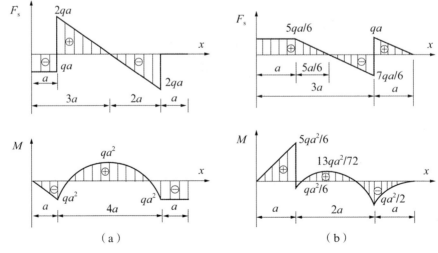

（a） （b）

题 8.3

8.4　图示各梁,利用剪力、弯矩与载荷集度的关系画剪力图与弯矩图。

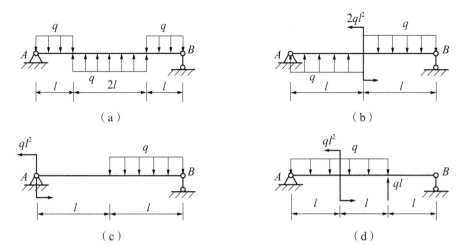

（a）　　　　　　　　　　（b）

（c）　　　　　　　　　　（d）

题 8.4

8.5　画出图示有中间铰梁的剪力图和弯矩图。

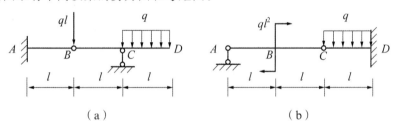

（a）　　　　　　　　　　（b）

题 8.5

8.6　如图所示外伸梁,承受集度为 q 的均布载荷作用。当 a 为何值时梁内的最大弯矩之值最小?

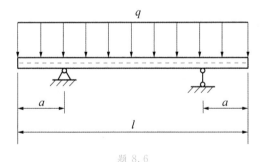

题 8.6

第9章

梁的弯曲应力与弯曲强度

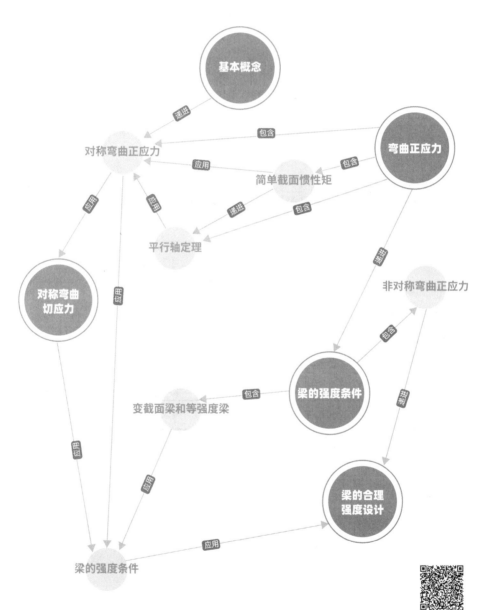

基本概念

对称弯曲正应力

弯曲正应力

简单截面惯性矩

平行轴定理

对称弯曲切应力

非对称弯曲正应力

变截面梁和等强度梁

梁的强度条件

梁的合理强度设计

梁的强度条件

递进

包含

应用

包含

递进

包含

应用

应用

递进

包含

递进

包含

应用

应用

应用

梁的弯曲应力
与弯曲强度

本章阐述弯曲及弯曲应力的基本概念,推导弯曲正应力表达式,介绍矩形截面梁的弯曲切应力,然后分析弯曲强度条件,最后介绍梁的合理弯曲强度设计方法。

课前小问题:

1."一双筷子轻轻被折断,十双筷子牢牢抱成团",请问十双筷子抱成团不容易折断,是因为和一双筷子相比,哪些量发生了变化? 变化有多大?

2.李诚在《营造法式》中提出,造房子时,"凡梁之大小,各随其广分为三分,以二分为厚",力学依据是什么?

3.如图 9.1(a)所示,扁担为什么两头细中间粗?

4.解缙(明)写有一副非常著名的对子,"墙上芦苇,头重脚轻根底浅;山间竹笋,嘴尖皮厚腹中空",如何从工程力学角度为竹笋(竹子)和芦苇正名?

5.云冈石窟第 13 窟,是"五华洞"的最后一窟,洞内有著名的超高大佛像,又称"大佛窟"。在大佛的右臂和腿之间有一托臂力士,气定神闲地托起大佛近两吨重的右臂,如图 9.1(b)所示。托臂力士的设计是基于什么力学原理?

云冈石窟
弥勒菩萨
的力学设计

（a）　　　　　　　　　　　　　　（b）

图 9.1

9.1　基本概念

根据第 8 章的分析结果,梁在弯曲时存在剪力和弯矩。因此,梁的横截面上同时存在切应力和正应力。梁弯曲时,横截面上的切应力 τ 称为弯曲切应力,正应力 σ 称为弯曲正应力。工程中的梁往往至少具有一个纵向对称面,所有外力都作用在该对称面内,如图 9.2(a)所示。外力作用在对称截面梁的对称面内,梁的变形对称于纵向对称面,这种弯曲称为对称弯曲。对称弯曲是最基本和常见的弯曲类型。在分析计算时,通常用轴线代表梁,如图 9.2(a)所示的梁在分析计算时,可表示为图 9.2(b)。

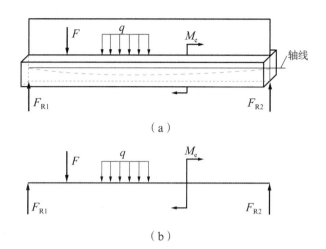

（a）

（b）

图 9.2　对称弯曲

如果梁的横截面上只有弯矩一种内力，这种弯曲称为纯弯曲。如图 9.3(a)、9.3(b) 的 BC 段，图 9.3(c)、9.3(d) 的 AB 段均属于纯弯曲。

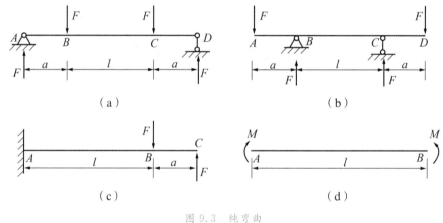

图 9.3　纯弯曲

9.2　弯曲正应力

一、对称弯曲正应力

弯曲正应力
实验

取一根对称截面梁，在梁两端施加一对方向相反、大小为 M 的外力偶矩。此时，梁处于纯弯曲状态。在试验过程中，可以发现以下试验现象：①梁侧表面的横线（图 9.4(a) 所示的 ac、bd）仍为直线，仍与纵线（图 9.4(a) 所示的 ab、cd）正交；②纵线变为弧线（图 9.4 (b) 所示的 $a'b'$、$c'd'$），靠顶部纵线缩短，靠底部纵线伸长；③纵线伸长区，梁宽度减小；纵线缩短区，梁宽度增大，如图 9.4(b) 所示。

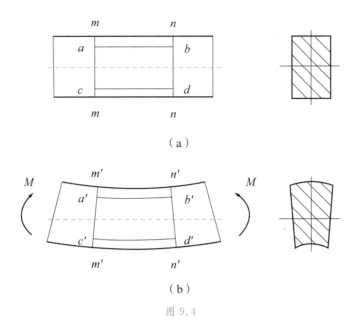

（a）

（b）

图 9.4

因此,提出如下假设:①梁横截面变形后保持平面,仍与纵线正交,即弯曲平面假设;
②各纵向"纤维"仅承受轴向拉应力或压应力,即单向受力假设。

梁存在伸长区和缩短区,必然也存在长度不变的层,称为中性层,中性层与横截面的
交线称为中性轴,如图 9.5 所示。

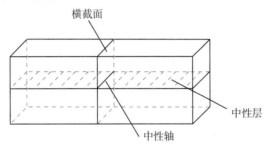

图 9.5　中性层与中性轴

下面将从几何、物理与静力学三方面进行分析,得到弯曲正应力的一般公式。

（1）几何表达式

用 m-m、n-n 两截面在梁上截取长度为 dx 的小微段作为研究对象,并建立坐标系,如
图 9.6(a)所示。弯曲前,距离 $O_1 O_2$ 为 y 处的纵线 cd,长度为 dx,弯曲后,纵线 cd 变成了
弧线,长度为 $(\rho+y)$dθ,ρ 为中性层的曲率半径,如图 9.6(b)所示。$O_1 O_2$ 的长度也可以表
示成 ρdθ。因此,纵线 cd 弯曲变形前后的正应变为:

$$\varepsilon = \frac{(\rho+y)\mathrm{d}\theta - \rho\mathrm{d}\theta}{\rho\mathrm{d}\theta} = \frac{y}{\rho} \tag{9.1}$$

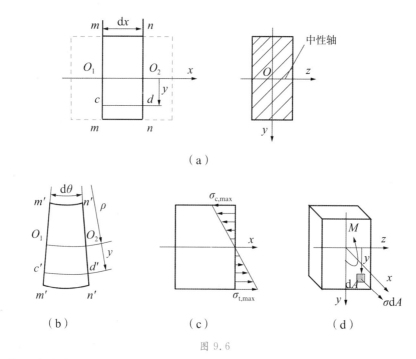

（a）

（b）　　　　（c）　　　　（d）

图 9.6

（2）物理表达式

根据单向受力假设,当正应力不超过材料的比例极限 σ_p 时,正应力和正应变之间满足胡克定律,即:

$$\sigma = E\epsilon = \frac{Ey}{\rho} \tag{9.2}$$

从(9.2)式可以看出,正应力与距中性轴的长度成正比,中性轴处的正应力为0,如图9.6(c)所示。

（3）静力学表达式

如图9.6(d)所示,在横截面上取微面积 dA,内力为 σdA。由于横截面上没有轴力,仅存在弯矩 M。根据静力学平衡方程,则有:

$$\int_A \sigma dA = 0 \tag{9.3}$$

$$\int_A y\sigma dA = M \tag{9.4}$$

将(9.2)式代入(9.3)式,得:

$$\int_A y dA = 0 \tag{9.5}$$

结合第4章截面形心表达式,有:

$$y_c = \frac{\int_A y dA}{A} = 0 \tag{9.6}$$

即中性轴过截面形心。

将(9.2)式代入(9.4)式,得:

$$\frac{E}{\rho}\int_{A}y^{2}\mathrm{d}A=M \tag{9.7}$$

令 $I_{z}=\int_{A}y^{2}\mathrm{d}A$，(9.2)式可改写为：

$$\frac{1}{\rho}=\frac{M}{EI_{z}} \tag{9.8}$$

式中，I_{z} 为截面对 z 轴的惯性矩，仅与截面形状和几何尺寸有关。EI_{z} 称为梁截面的弯曲刚度。

综合(9.2)式和(9.8)式，可得横截面上距中性轴为 y 处的弯曲正应力为：

$$\sigma=\frac{My}{I_{z}} \tag{9.9}$$

当 y 值取到横截面距离中性轴最远处，即 $y=y_{\max}$ 时，弯曲正应力达到最大：

$$\sigma_{\max}=\frac{My_{\max}}{I_{z}} \tag{9.10}$$

式中，$\dfrac{I_{z}}{y_{\max}}$ 称为抗弯截面系数，用 W_{z} 表示，即 $W_{z}=\dfrac{I_{z}}{y_{\max}}$。因此，最大弯曲正应力可表示为：

$$\sigma_{\max}=\frac{M}{W_{z}} \tag{9.11}$$

需要注意的是(9.8)式、(9.9)式均是在纯弯曲情况下建立的，但同样也适用于非纯弯曲。

二、简单截面惯性矩

简单截面，如矩形截面、圆形截面的惯性矩，可根据 $I_{z}=\int_{A}y^{2}\mathrm{d}A$ 积分获得。

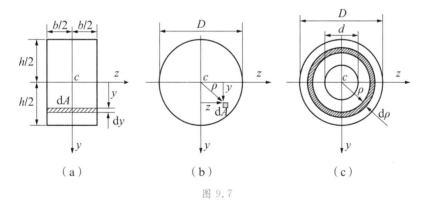

（a）　　　　　　（b）　　　　　　（c）

图 9.7

1. 矩形截面

如图 9.7(a)所示，矩形截面的惯性矩 I_{z} 和抗弯截面系数 W_{z} 为：

$$I_{z}=\int_{A}y^{2}\mathrm{d}A=\int_{-h/2}^{h/2}y^{2}b\,\mathrm{d}y=\frac{bh^{3}}{12}$$

$$W_{z}=\frac{I_{z}}{y_{\max}}=\left(\frac{bh^{3}}{12}\right)\bigg/\left(\frac{h}{2}\right)=\frac{bh^{2}}{6}$$

2.实心圆形截面

如图 9.7(b)所示,圆形截面直径为 D,惯性矩和极惯性矩满足以下关系:

$$I_p = \int_A \rho^2 \mathrm{d}A = \int_A (y^2 + z^2) \mathrm{d}A = I_z + I_y$$

对于圆形截面有:

$$I_z = I_y$$

因此,惯性矩 I_z 和抗弯截面系数 W_z 为:

$$I_z = \frac{I_p}{2} = \frac{\pi D^4}{64}$$

$$W_z = \frac{I_z}{d/2} = \left(\frac{\pi D^4}{64}\right) \Big/ \left(\frac{D}{2}\right) = \frac{\pi D^3}{32}$$

3.空心圆形截面

如图 9.7(c)所示,空心圆形截面外径为 D,内径为 d,$\alpha = \dfrac{d}{D}$,惯性矩 I_z 和抗弯截面系数 W_z 为:

$$I_z = \frac{\pi D^4}{64}(1 - \alpha^4)$$

$$W_z = \frac{\pi D^3}{32}(1 - \alpha^4)$$

假设筷子是等截面直杆,当 10 根筷子并排放置时,两个方向的整体抗弯截面系数分别是 1 根筷子的 10 倍(高度相同,宽度 10 倍)和 100 倍(宽度相同,高度 10 倍),而以其他形式捆绑的话,整体抗弯截面系数处于 10 倍与 100 倍之间。再根据(9.11)式,最大弯曲正应力 $\sigma_{\max}$ 大大减小,即提高了折断的难度。

4.组合截面

对于工程上常见且比较复杂的截面,如工字形(图 9.8(a))、T 字形(图 9.8(b))、盒形(图 9.8(c)),计算其惯性矩时,可将截面分解成 n 个基本形状的截面,面积分别为 $A_1, A_2, \cdots, A_n$,对 z 的惯性矩分别为 $I_1, I_2, \cdots, I_n$。因此整个截面对 z 的惯性矩为:

$$I_z = I_{z1} + I_{z2} + \cdots + I_{zn} \tag{9.12}$$

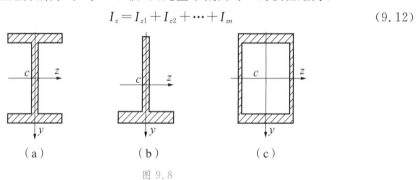

（a）　　　　　　　（b）　　　　　　　（c）

图 9.8

李诫在《营造法式》中提出,造房子时的"凡梁之大小,各随其广分为三分,以二分为厚",也可以用抗弯截系数来解释。

古代房梁均用圆木头加工而成,这里隐含了 $d^2 = b^2 + h^2$ 这一关系,如图 9.9 所示。

$$\begin{cases} W_z = \dfrac{bh^2}{6} \\ d^2 = b^2 + h^2 \\ \dfrac{\mathrm{d}W_z}{\mathrm{d}b} = 0 \end{cases} \qquad (9.13)$$

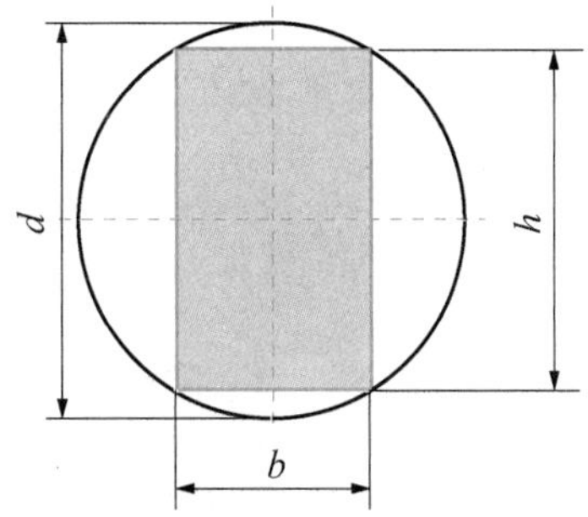

图 9.9

根据(9.13)式,可获得抗弯截面系数最大时,b 和 h 的关系为 $\dfrac{h}{b} = \sqrt{2}$,这和李诫提出的高宽比 3∶2 非常接近。

注:根据第 10 章内容,从弯曲变形考虑,矩形截面梁取 $\dfrac{h}{b} = \sqrt{3}$ 时,刚度最佳。综合考虑强度和刚度,$\sqrt{2} < h/b < \sqrt{3}$ 较为合适,这进一步说明了李诫提出的高宽比为 3∶2 的合理性。

三、平行轴定理

如图 9.10 所示,Cy_0z_0 为形心直角坐标系,坐标原点在形心 C 上;Oyz 为任意直角坐标系,且两坐标系的坐标轴互相平行。研究 I_z 和 I_{z0} 的关系:

$$I_z = \int_A y^2 \mathrm{d}A = \int_A (y_0 + a)^2 \mathrm{d}A = \int_A y_0^2 \mathrm{d}A + 2a \int_A y_0 \mathrm{d}A + Aa^2$$

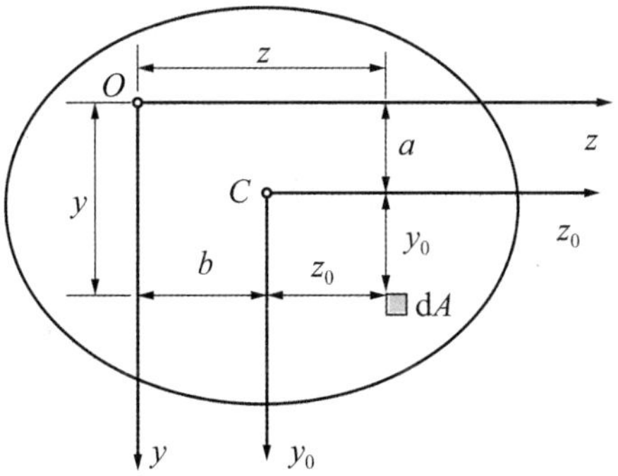

图 9.10

又因为:

$$I_{z0} = \int_A y_0^2 \mathrm{d}A, \quad \int_A y_0 \mathrm{d}A = 0$$

则有：

$$I_z = I_{z0} + Aa^2 \tag{9.14}$$

同理：

$$I_y = I_{y0} + Ab^2 \tag{9.15}$$

(9.14)式和(9.15)式即为平行轴定理的表达式。从表达式容易看出，过截面形心的惯性矩最小。

思考题1：(1)从工程力学角度分析，实木地板和复合地板该如何选择？(2)某品牌复合地板有两种规格，尺寸为 $1200 \times 195 \times 8mm^3$ 的地板价格 40 元/m²，尺寸为 $1200 \times 195 \times 12mm^3$ 的地板价格为 120 元/m²。厚度增加 50%，价格却增加 200%，从工程力学角度分析这样定价是否合理？

（a）实木地板　　　　　　　（b）复合地板

图 9.11　地板

例 9.1

如图 9.12 所示，钢筋横截面面积为 A，密度为 ρ，放在刚性平面上，在一端施加载荷 F，提起钢筋离开地面长度为 $l/4$。问 F 应为多大？

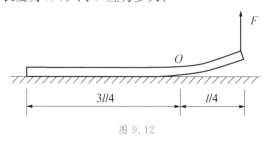

图 9.12

解：

根据题意，截面 O 的曲率为 0，即：$\dfrac{1}{\rho} = \dfrac{M_O}{EI_z} = 0$

由此可得，$M_O = \dfrac{Fl}{4} - \dfrac{\rho g A (l/4)^2}{2} = 0$

解得：$F = \dfrac{\rho g A l}{8}$

例 9.2

图 9.13 所示悬臂梁，横截面为矩形，承受载荷 F_1 与 F_2 作用，且 $F_1 = 2F_2 = 5kN$。计

算梁内的最大弯曲正应力,及该应力所在截面上 K 点处的弯曲正应力。

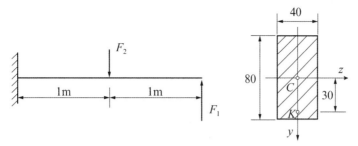

图 9.13

解：

(1)画梁的弯矩图

最大弯矩位于固定端, $M_{max}=7.5\text{kN} \cdot \text{m}$ 。

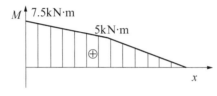

(2)计算应力

最大弯曲正应力：

$$\sigma_{max}=\frac{M_{max}}{W_z}=\frac{M_{max}}{\dfrac{bh^2}{6}}=\frac{7.5\times10^3}{\dfrac{40\times80^2\times10^{-9}}{6}}=176\text{MPa}$$

K 点的弯曲正应力：

$$\sigma_K=\frac{M_{max}y}{I_z}=\frac{M_{max}y}{\dfrac{bh^3}{12}}=\frac{7.5\times10^3\times30\times10^{-3}}{\dfrac{40\times80^3\times10^{-12}}{12}}=132\text{MPa}$$

9.3　对称弯曲切应力

当梁的弯曲属于非纯弯曲时,横截面上除了正应力外,还有切应力,即弯曲切应力。由于篇幅问题,忽略弯曲切应力推导过程。各种截面的切应力表达式为：

$$\tau(y)=\frac{F_s S_z(\omega)}{I_z b} \tag{9.16}$$

式中, F_s 为剪力, $S_z(\omega)$ 为横截面的部分面积 ω 对 z 轴的静矩, I_z 为截面对中性轴 z 的惯性矩, b 为横截面上所求切应力处的宽度。

对于矩形截面梁,如图 9.14(a)所示,切应力表达式为：

$$\tau(y)=\frac{3F_s}{2bh}\left(1-\frac{4y^2}{h^2}\right) \tag{9.17}$$

从(9.17)式可看出,矩形截面梁的弯曲切应力沿截面按二次抛物线规律变化,当 $y=\pm\dfrac{h}{2}$ 时,即在横截面上、下边缘处,$\tau=0$;当 $y=0$ 时,即中性轴上,切应力最大,如图9.14(b)所示。

$$\tau_{max}=\tau(0)=\frac{3F_s}{2bh} \tag{9.18}$$

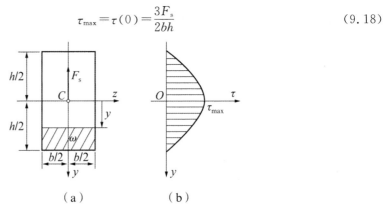

图 9.14

梁非纯弯曲时,横截面上同时存在正应力与切应力,现以矩形截面梁为例将二者的大小作一比较。

如图9.15所示的细长梁,弯曲正应力最大值为:

$$\sigma_{max}=\frac{M_{max}}{W_z}=\frac{Fl}{\dfrac{bh^2}{6}}=\frac{6Fl}{bh^2}$$

弯曲切应力最大值为:

$$\tau_{max}=\frac{3F_s}{2bh}=\frac{3F}{2bh}$$

比较弯曲正应力与弯曲切应力:

$$\frac{\sigma_{max}}{\tau_{max}}=\frac{6Fl}{bh^2}\frac{2bh}{3F}=4\left(\frac{l}{h}\right)$$

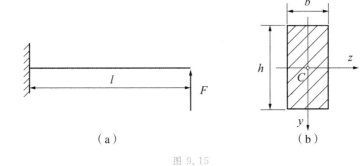

图 9.15

对于细长梁,当梁的跨度 l 远大于其截面高度 h 时,则梁的最大弯曲正应力 σ_{max} 远大于最大弯曲切应力 τ_{max},因此往往可忽略弯曲切应力。

9.4　梁的强度条件

一、梁的强度条件

由前述分析已知,在梁内最大弯矩所在截面的上、下边缘处,切应力为零而正应力为最大值。在截面的中性轴上,正应力为零而切应力为最大值。因此应分别建立正应力和切应力强度条件。

1.弯曲正应力强度条件

弯曲正应力的强度条件为:

$$\sigma_{max} = \left(\frac{M}{W_z}\right)_{max} \leqslant [\sigma] \tag{9.19}$$

对于等截面直梁,W_z 为常数,上式变为:

$$\sigma_{max} = \frac{M_{max}}{W_z} \leqslant [\sigma] \tag{9.20}$$

(9.19)式和(9.20)式仅适用于许用拉应力$[\sigma_t]$和许用压应力$[\sigma_c]$相等的情况。如果二者不相等,则需按照拉伸与压缩分别进行强度计算。

2.弯曲切应力强度条件

弯曲切应力的强度条件为:

$$\tau_{max} = \left(\frac{F_s S_{zmax}}{I_z b}\right)_{max} \leqslant [\tau] \tag{9.21}$$

对于等截面直梁,I_z 为常数,上式变为:

$$\tau_{max} = \frac{F_{smax} S_{zmax}}{I_z b} \leqslant [\tau] \tag{9.22}$$

例 9.3

图 9.16(a)所示 U 形截面悬臂梁,$F = 10\text{kN}$,$M_e = 70\text{kN·m}$,许用拉应力$[\sigma_t] = 35\text{MPa}$,许用压应力$[\sigma_c] = 120\text{MPa}$,截面尺寸如图 9.16(b)所示。校核梁的强度。

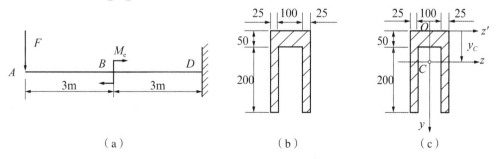

图 9.16

解:

(1)截面形心位置及惯性矩

求截面形心位置时,可采用大矩形($A_1 = 150 \times 250$)挖去小矩形($A_2 = 100 \times 200$)的方法进行求解,如图 9.16(c)所示。

$$y_c = \frac{A_1 \cdot y_1 + A_2 \cdot y_2}{A_1 + A_2} = \frac{(150 \times 250) \times 125 + (-100 \times 200) \times 150}{(150 \times 250) + (-100 \times 200)} = 96 \text{mm}$$

$$I_{z_c} = \frac{150 \times 50^3}{12} + (150 \times 50) \times (y_c - 25)^2 + 2\left[\frac{25 \times 200^3}{12} + (25 \times 200) \times (150 - y_c)^2\right]$$
$$= 1.02 \times 10^8 \text{mm}^4$$

(2)画出梁的弯矩图

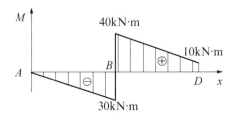

(3)计算应力

从弯矩图可以看出,$B+$ 和 $B-$ 截面分别出现正弯矩的极值和负弯矩的极值。$B+$ 截面上端承受压应力 σ_{B+c},下端承受拉应力 σ_{B+t};$B-$ 截面上端承受拉应力 σ_{B-t},下端承受压应力 σ_{B-c}。

$$\sigma_{B+t} = \frac{M_{B+} \times (250 - y_c)}{I_{z_c}} = \frac{40 \times 10^6 \times (250 - 96)}{1.02 \times 10^8} = 60.4 \text{MPa}$$

$$\sigma_{B+c} = \frac{M_{B+} \times y_c}{I_{z_c}} = \frac{40 \times 10^6 \times 96}{1.02 \times 10^8} = 37.6 \text{MPa}$$

$B-$ 截面下边缘点处的压应力为:

$$\sigma_{B-c} = \frac{M_{B-} \times (250 - y_c)}{I_{z_c}} = \frac{30 \times 10^6 \times (250 - 96)}{1.02 \times 10^8} = 45.3 \text{MPa}$$

由于 $|M_{B-}| < |M_{B+}|$,$y_c < 250 - y_c$,$\sigma_{B-t} < \sigma_{B+t}$,由此可得:

$$\sigma_{t,\max} = 60.4 > [\sigma_t]$$
$$\sigma_{c,\max} = 45.3 < [\sigma_c]$$

可见梁内最大拉应力超过许用拉应力,梁不安全。

例 9.4

图 9.17 所示简支梁 AD,当载荷 F 直接作用在简支梁跨度中点时,梁内最大弯曲正应力超过许用应力 30%。为了消除过载,在梁 AD 增加一辅助梁 BC。确定辅助梁的最小长度 a。

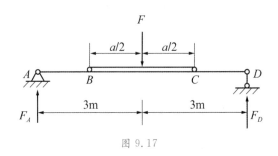

图 9.17

解:

当 F 直接作用在梁上时,弯矩图为:

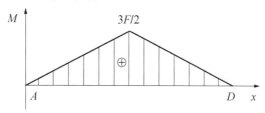

此时梁内最大弯曲正应力为:

$$\sigma_{\max 1}=\frac{M_{\max 1}}{W}=\frac{3F/2}{W}=1.3[\sigma]$$

解得:

$$\frac{F}{W}=0.867[\sigma] \tag{a}$$

配置辅助梁后,弯矩图为:

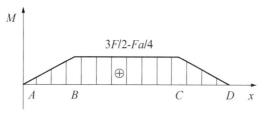

依据弯曲正应力强度条件:

$$\sigma_{\max 2}=\frac{M_{\max 2}}{W}=\frac{3F/2-Fa/4}{W}=[\sigma] \tag{b}$$

联立(a)式和(b)式,解得:

$$a=1.386\mathrm{m}$$

二、变截面梁和等强度梁

横截面变化的梁称为变截面梁,比如摇臂钻床的摇臂(图 9.18(a))、大桥的鱼腹梁 (图 9.18(b))。

摇臂钻床

（a）

（b）

图 9.18

若使梁各横截面上的最大正应力都相等,且均达到材料的许用应力,则该梁称为等强度梁,如(9.23)式所示。等强度梁一般是变截面梁。

$$\frac{M(x)}{W(x)} = [\sigma] \tag{9.23}$$

用扁担挑重物时,取扁担的一半作为研究对象,可近似为肩膀作为固定端的悬臂梁结构,如图9.19(a)所示,F 为其中一端重物的重量。肩膀处的弯矩最大,其值为 Fl,而悬挂重物处的弯矩为0,如图9.19(b)所示。因此将扁担设计成中间最粗,向两端逐渐变细,即设计成等强度梁,从而减轻扁担的自重。

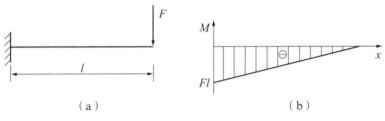

（a）　　　　　　　　　　　（b）

图 9.19

郑板桥(清)曾写过一首诗——《竹石》,"咬定青山不放松,立根原在破岩中。千磨万击还坚劲,任尔东西南北风。"此诗歌颂了竹子坚韧不拔的精神。竹子相当于阶梯状变截面梁,是一种近似的"等强度梁"。在风载作用下,沿竹子自下而上各截面的弯矩越来越小,而竹子根部最粗,自下而上越来越细。因此,在风载作用下,竹子各段弯曲强度基本相同。

香港中银
大厦

注:根据第13章的内容,竹子中间有竹节,能起到提高局部稳定性的作用。

世界著名建筑大师贝聿铭设计的 70 层 315m 高的香港中国银行大厦,如图9.20所示,主要得益于竹子的启示,从而完成"仿竹杰作"。

图 9.20　香港中银大厦

三、非对称弯曲正应力

前面章节所描述的弯曲均属于对称弯曲,但工程中有诸多场合的弯曲属于非对称弯曲。如图9.21所示,矩形梁 AB 上作用有集中载荷 F_y、F_z。尽管 F_y、F_z 分别处于纵向对称面和水平对称面,单独作用时,梁 AB 均发生对称弯曲,但两者联合作用时,将发生非对称弯曲。

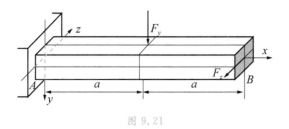

图 9.21

例 9.5

如图 9.21 所示,已知 $F_y=F_z=F=500\text{N}$,$a=1000\text{mm}$,截面高 $h=40\text{mm}$,宽 $b=60\text{mm}$,$[\sigma]=120\text{MPa}$,校核梁强度。

解:

(1)内力分析

F_y 作用下,梁将在 xy 平面内弯曲;F_z 作用下,梁将在 xz 平面内弯曲。弯矩图分别如(a)图和(b)图所示。截面 A 为危险截面,该截面上的两个弯矩分别为 $M_y=2Fa$,$M_z=Fa$。

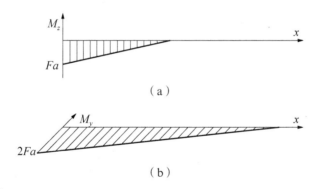

(a)

(b)

(2)应力分析

如(c)图所示,在 M_y 作用下,截面右侧拉应力,截面左侧压应力;在 M_z 作用下,截面上侧拉应力,截面下侧压应力。因此,危险截面 A 的危险点为 e(拉应力叠加)和 a(压应力叠加),两点应力绝对值相等。

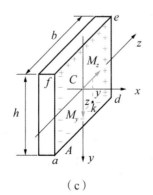

(c)

$$\sigma_{\max} = \frac{|M_{yA}|}{W_y} + \frac{|M_{zA}|}{W_z} = \frac{2Fa}{\frac{hb^2}{6}} + \frac{Fa}{\frac{bh^2}{6}} = 72.92\text{MPa} < [\sigma]$$

讨论：

如图（c）所示，在截面上任意一点 k 的应力则为 M_y 和 M_z 联合作用下应力的代数和，即：

$$\sigma = \frac{M_y z}{I_y} - \frac{M_z y}{I_z} \tag{9.24}$$

对于矩形、工字形与箱形等具有外棱角的截面，有：

$$\sigma_{\text{tmax}} = \sigma_{\text{cmax}} = \frac{|M_y|}{W_y} + \frac{|M_z|}{W_z} \tag{9.25}$$

思考题 2：对于圆形梁，最大拉应力和最大压应力能否用（9.25）式？

9.5　梁的合理强度设计

一、梁的合理截面形状设计

1.设计成空心结构，从而实现相同经济性前提下的更高安全性，或相同安全性前提下的更高经济性。

有内径 $d=70$mm、外径 $D=100$mm（即 $\alpha=0.7$）的截面尺寸圆杆，其抗弯截面系数为：

$$W_{z空} = \frac{\pi D^3}{32}(1-\alpha^4) = 0.745 \times 10^5 \text{mm}^3 \tag{a}$$

同样截面面积的实心截面，求得直径为 $D=74.4$mm，抗弯截面系数为：

$$W_{z实} = \frac{\pi D^3}{32} = 0.355 \times 10^5 \text{mm}^3 \tag{b}$$

$$W_{z空}/W_{z实} = 2.1 \tag{c}$$

这说明在重量相同的条件下（即长度和横截面积均相同），空心圆截面梁的最大弯曲正应力比同样横截面积的实心圆截面梁要小。即在经济性差不多（此处不考虑加工工艺引起的经济性差异）的前提下，获得了更好的安全性。这就合理解释了竹子和芦苇为什么会长成空心结构。

思考题 3：同样横截面下，空心结构的 α 如何取值比较合适？

又如，相同强度条件下，某汽车传动轴所采用空心圆截面，$\alpha=0.944$，若改为实心轴，则其重量为空心轴的 3.23 倍，这说明采用空心结构获得了更好的经济性。

2.使用较小的截面面积，获得较大抗弯截面系数 W_z

W_z 与截面高度的平方成正比，当截面面积一定时，宜将较多材料放置在远离中性轴的位置,如工字钢(图 9.22(a))和 T 型钢(图 9.22(b))。

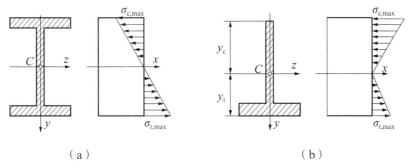

（a）　　　　　　　　　　　　　（b）

图 9.22

对于塑性材料,$[\sigma_t]=[\sigma_c]$,因此以中性轴为中心线对称布置材料(图 9.22(a)所示);对于脆性材料 $[\sigma_t]<[\sigma_c]$,为了充分利用材料,中性轴的位置需满足 $\dfrac{y_c}{y_t}=\dfrac{[\sigma_c]}{[\sigma_t]}$(图 9.22(b)所示)。

二、合理安排约束和加载方式

1. 合理安排约束

在载荷一定的前提下,通过合理安排约束,可以提高梁的安全性。如图 9.23(a)所示悬臂梁,最大弯矩为 $ql^2/2$。改成两端铰支后,最大弯矩为 $ql^2/8$,如图 9.23(b)所示。若改成外伸梁,如图 9.23(c)所示,最大弯矩为 $ql^2/40$。

云冈石窟第 13 窟大佛的手臂可近似为一个悬臂梁,而托臂力士相当于在悬臂梁上增加了一个约束,使悬臂梁成了外伸梁。这就减小了大佛手臂的最大弯矩,从而降低了最大弯曲正应力,提高了安全性。

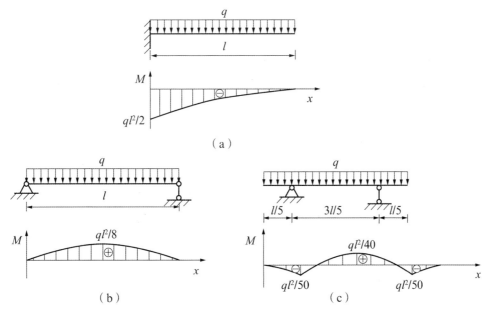

图 9.23

2.合理安排加载方式

此外,在梁约束形式一定的前提下,合理安排加载方式,也可以提高梁的安全性。如图 9.24(a)所示的简支梁,最大弯矩为 $Fl/4$。若在中间用一刚性短梁进行加固,最大弯矩为 $Fl/6$,如图 9.24(b)所示。若将集中力 F 改成分布载荷 $q(q=F/l)$,则最大弯矩为 $Fl/8$,如图 9.23(b)所示。

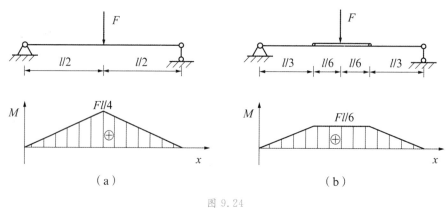

图 9.24

3.制成静不定梁

给静不定梁增加约束,制成静不定梁,也能提高梁的强度。静不定梁的分析将在第 10 章"梁的弯曲变形与弯曲刚度"讲述。

习 题

9.1 计算图示截面对水平形心轴的惯性矩。

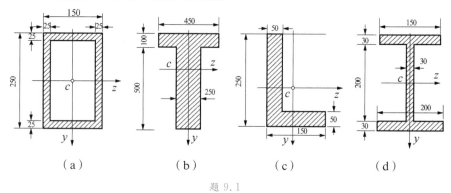

题 9.1

9.2 直径为 D 的圆截面钢条 AB 长 l,总重量为 F,放在刚性水平面上。当钢条 B 端作用 $F/4$ 向上的拉力,B 端离开水平面。求钢条内的最大正应力。

题 9.2

9.3　承受纯弯曲的铸铁⊥形梁及截面尺寸如图所示,其材料的拉伸和压缩许用应力之比 $[\sigma_t]/[\sigma_c]=1/3$。求水平翼板的合理宽度 b。

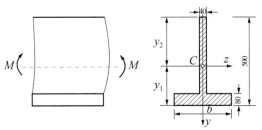

题 9.3

9.4　如图所示 T 形截面铸铁梁,载荷 F 可沿梁 AC 从截面 A 水平移动到截面 C,已知许用拉应力 $[\sigma_t]=40\text{MPa}$,许用压应力 $[\sigma_c]=150\text{MPa}$,$l=1.5\text{m}$。确定载荷 F 的许用值。

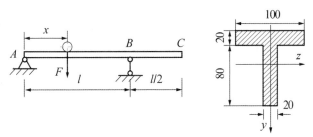

题 9.4

9.5　一矩形截面木梁,其截面尺寸及载荷如图所示,已知 $q=2\text{kN/m}$,$[\sigma]=15\text{MPa}$,$[\tau]=2\text{MPa}$。校核梁的正应力和切应力强度。

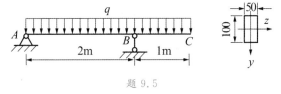

题 9.5

9.6　矩形截面梁,受力如图所示。求 I-I 截面(固定端截面)上 a、b、c、d 四点处的正应力。

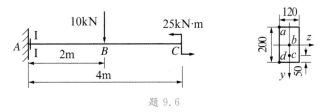

题 9.6

9.7 如图所示木梁,受均布载荷和集中力作用,材料许用正应力$[\sigma]=10$MPa。在上面钻一直径为 d 的孔,允许的最大孔径是多少?

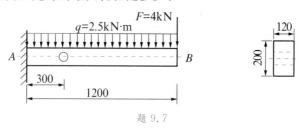

题 9.7

9.8 如图所示,已知集中力 $F=10$kN,外力偶矩 $M_e=10$kN·m,$l=500$mm,$b=150$mm,$\delta=25$mm。计算截面 A-A 的最大拉应力 σ_{tmax} 与压应力 σ_{cmax}。

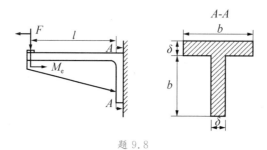

题 9.8

9.9 如图所示悬臂梁,承受载荷 $F_1=800$N,$F_2=1.6$kN 作用,$l=1$m,许用应力$[\sigma]=160$MPa。分别在下列两种情况下确定截面尺寸。

(1)截面为矩形,$h=2b$;

(2)截面为圆形。

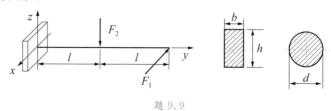

题 9.9

9.10 如图所示矩形截面钢杆,用应变片测得其上、下表面的轴向正应变分别为 $\varepsilon_a=1.2\times10^{-3}$ 与 $\varepsilon_b=0.35\times10^{-3}$,材料的弹性模量 $E=210$GPa。绘制横截面上的正应力分布图,并求拉力 F 及偏心距 e 的数值。

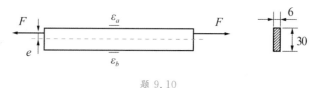

题 9.10

9.11 如图所示简支梁,由 No25b 工字钢制成,受集度为 q 的均布载荷和外力偶矩 M_e 作用,测得横截面 C 底边的纵向正应变 $\varepsilon=2.5\times10^{-4}$,钢的弹性模量 $E=200$GPa,$l=2$m。计算梁内的最大弯曲正应力。

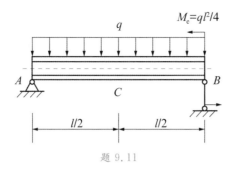

题 9.11

9.12 图示工字钢外伸梁,承受集中载荷 $F=24\text{kN}$ 和均布载荷 $q=15\text{kN/m}$ 作用,许用应力 $[\sigma]=160\text{MPa}$。选择工字钢型号。

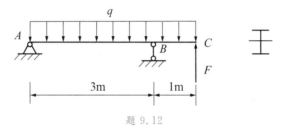

题 9.12

9.13 如图所示,一简支梁受集中力和均布载荷作用。已知材料的许用正应力 $[\sigma]=170\text{MPa}$,许用切应力 $[\tau]=100\text{MPa}$。选择工字钢的型号。

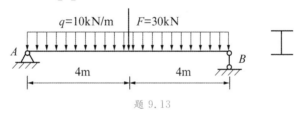

题 9.13

9.14 图示铸铁梁受均布载荷 q 和外力偶 M_e 作用,截面形心离底边距离 $y_1=0.05\text{m}$,离顶边距离 $y_2=0.1\text{m}$,材料的许用拉应力 $[\sigma_\text{t}]=40\text{MPa}$、许用压应力 $[\sigma_\text{c}]=145\text{MPa}$,梁的截面惯性矩 $I_z=14.51\times10^{-6}\text{m}^4$。校核梁的强度。

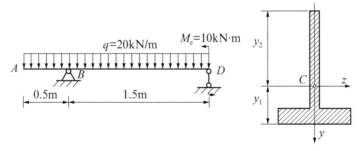

题 9.14

9.15 AB 为叠合梁,由 $30\times100\text{mm}^2$ 木板若干层利用胶粘制而成。如果木材许用弯曲正应力 $[\sigma]=15\text{MPa}$,胶接处的许用切应力 $[\tau]=0.45\text{MPa}$。确定叠合梁所需要的层数(注:层数取 2 的倍数)。

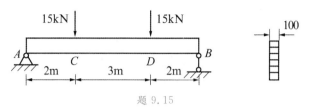

题 9.15

9.16 图示板件,板厚 $\delta = 6\text{mm}$,载荷 $F = 15\text{kN}$,许用应力 $[\sigma] = 120\text{MPa}$。求板边切口的允许深度 x。

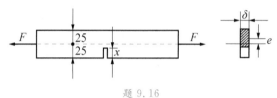

题 9.16

9.17 简支梁承受均布载荷如图所示,若分别采用截面面积相同的实心和空心圆截面,且 $D_1 = 80\text{mm}$,$\dfrac{d_2}{D_2} = \dfrac{2}{5}$。分别计算它们的最大正应力,并问空心圆截面比实心圆截面的最大正应力减少了百分之多少?

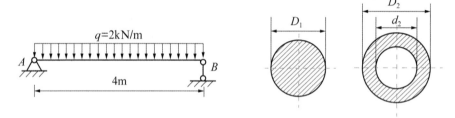

题 9.17

第 10 章

梁的弯曲变形与弯曲刚度

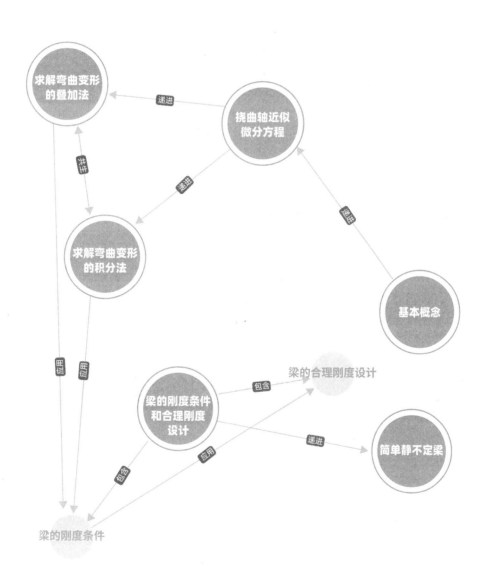

梁的弯曲变形
与弯曲刚度

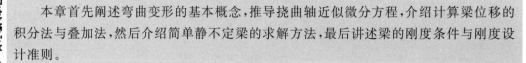

本章首先阐述弯曲变形的基本概念,推导挠曲轴近似微分方程,介绍计算梁位移的积分法与叠加法,然后介绍简单静不定梁的求解方法,最后讲述梁的刚度条件与刚度设计准则。

课前小问题:

1. 被誉为世界第一高桥的横跨云贵两省的北盘江大桥,桥梁设计建造如何避免桥面发生显著弯曲变形?

2. 古时候的工匠制作弓弩时,在选材和设计环节利用了哪些工程力学知识?

10.1 基本概念

在外部载荷作用下,梁的轴线由直线变为曲线,即发生弯曲变形。工程和生活中有很多利用梁弯曲变形的场合。如车辆上的板弹簧,要求有足够大的变形,以缓解车辆受到的冲击和振动作用。又如体育项目的跳板跳水、蹦床、撑竿跳分别是利用了跳板、钢丝床、撑杆弯曲变形积蓄的势能将运动员抬高从而完成在空中的动作。也有诸多场合下,梁变形量需严格控制在一定范围内。如摇臂钻床的摇臂或车床的主轴变形过大,就会影响零件的加工精度;桥式起重机的横梁变形过大,则会使小车行走困难,出现爬坡现象;齿轮轴变形过大,会影响齿轮的传动。

第 9 章讨论了梁的弯曲强度问题,本章则讨论梁的弯曲刚度问题,弯曲刚度与弯曲变形有着直接联系。在外力作用下发生变形后的梁轴称为挠曲轴,如图 10.1 所示。本章主要讨论细长梁,可忽略剪力对变形的影响,平面假设仍然成立,即变形后各横截面仍保持平面。梁的弯曲变形可用挠度和转角这两个基本量来度量。挠度是横截面的形心在垂直于梁轴方向的位移,用 w 表示。

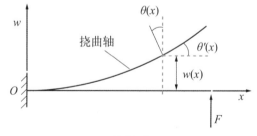

图 10.1

横截面的角位移,称为转角,用 θ 表示。根据平面假设,转角 θ 等于挠曲轴切线与 x 轴的夹角 θ'。由于工程实际中通常转角很小,故有:

$$\theta' \approx \tan \theta' = \frac{\mathrm{d}w}{\mathrm{d}x} \tag{10.1}$$

因此挠度和转角的关系为:

$$\theta = \frac{dw}{dx} \tag{10.2}$$

按照图 10.1 建立坐标系,则挠度方程和转角方程为:

$$\begin{cases} w = w(x) \\ \theta = \theta(x) \end{cases} \tag{10.3}$$

挠度和转角的方向作如下规定:向上的挠度为正,逆时针的转角为正。

10.2　挠曲轴近似微分方程

根据第 9 章的内容可知,纯弯曲情况下,中性层曲率与弯矩满足如下关系:

$$\frac{1}{\rho} = \frac{M}{EI} \tag{a}$$

对细长梁,可忽略剪力对弯曲变形的影响,因此(a)式也适用于非纯弯曲,此时(a)式可改写为:

$$\frac{1}{\rho(x)} = \frac{M(x)}{EI} \tag{b}$$

由高等数学知识可知,任意平面曲线 $w = w(x)$ 的曲率为:

$$\frac{1}{\rho(x)} = \pm \frac{\dfrac{d^2 w}{dx^2}}{\left[1 + \left(\dfrac{dw}{dx}\right)^2\right]^{3/2}} \tag{c}$$

由(b)式和(c)式得到挠曲轴的微分方程:

$$\frac{\dfrac{d^2 w}{dx^2}}{\left[1 + \left(\dfrac{dw}{dx}\right)^2\right]^{3/2}} = \pm \frac{M(x)}{EI} \tag{10.4}$$

(10.4)式称为挠曲轴微分方程。

由于工程中梁的转角一般很小,即 dw/dx 是微小量,也即 $(dw/dx)^2 \ll 1$,故(10.4)式可简化为:

$$\frac{d^2 w}{dx^2} = \pm \frac{M(x)}{EI} \tag{10.5}$$

(10.5)式称为挠曲轴近似微分方程。根据第 8 章弯矩符号的定义,使梁微段弯曲成凹形的弯矩为正,即如图 10.2(a)所示的 $M(x)$ 为正值,而凹形曲线的二阶导数 $d^2 w/dx^2$ 为正值。因此,(10.5)式中的"±"可去掉。同理,如图 10.2(b)所示的 $M(x)$ 为负,而凸形曲线的二阶导数 $d^2 w/dx^2$ 为负值,(10.5)式中的"±"也可去掉。综合两种情况,(10.5)式可改写为:

$$\frac{\mathrm{d}^2 w}{\mathrm{d}x^2} = \frac{M(x)}{EI} \tag{10.6}$$

需要注意的是,(10.6)式是基于 w 轴向上的坐标系。如果选用 w 轴向下的坐标系,如图 10.2(c) 和 10.2(d) 所示,则 $\mathrm{d}^2 w/\mathrm{d}x^2$ 与 $M(x)$ 的关系为:

$$\frac{\mathrm{d}^2 w}{\mathrm{d}x^2} = -\frac{M(x)}{EI} \tag{10.7}$$

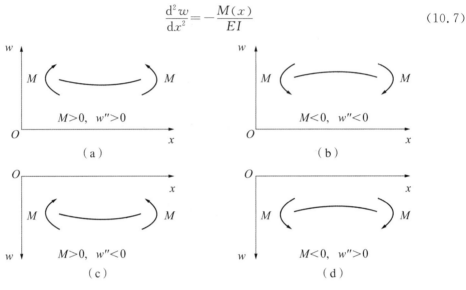

图 10.2

坐标轴 x 的方向既不影响弯矩的正负,也不影响 $\mathrm{d}^2 w/\mathrm{d}x^2$ 的正负。因此,(10.6)式和(10.7)式也适用于坐标轴 x 轴向左的情况。除非特别说明,本教材在讲述梁的挠度和转角时均采用 w 轴向上、x 轴向右的坐标系。

10.3　求解弯曲变形的积分法

由于挠度和转角存在微分关系式(10.2),将挠曲轴近似微分方程(10.6)对 x 积分,积分一次得到转角方程:

$$\theta = \frac{\mathrm{d}w}{\mathrm{d}x} = \int \frac{M(x)}{EI}\mathrm{d}x + C \tag{10.8}$$

再积分一次得到挠度方程:

$$w = \int \left(\int \frac{M(x)}{EI}\mathrm{d}x \right)\mathrm{d}x + Cx + D \tag{10.9}$$

式中 C、D 为积分常数,确定这两个积分常数需要两个已知条件,通常是梁的边界条件或连续性条件。边界条件是指受约束的边界处,梁的转角或挠度是已知的。例如悬臂梁的固定端处挠度和转角均为零,简支梁的左右铰支座处挠度均为零;连续性条件是指梁在弹性范围内加载,其挠曲轴应该是连续的,即使在集中力、集中力偶、分布载荷不连续变化处,该处两侧的挠度、转角均相等。根据这些已知条件解出积分常数后,就可以用转角方程(10.8)和挠度方程(10.9)得到任一截面的转角与挠度。

例 10.1

如图 10.3 所示悬臂梁,自由端承受集中载荷 F 作用。求此梁的挠度方程和转角方程,并计算其最大挠度和最大转角。

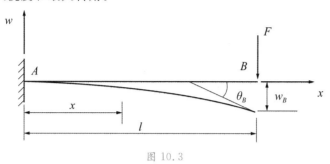

图 10.3

解:

悬臂梁的弯矩方程为:

$$M(x) = -F(l-x) \tag{a}$$

将其代入(10.6)式,得挠曲轴近似微分方程:

$$\frac{d^2 w}{dx^2} = \frac{M(x)}{EI} = \frac{F}{EI}(x-l) \tag{b}$$

上式逐次积分,依次得:

$$\theta = \frac{dw}{dx} = \frac{F}{EI}\left(\frac{x^2}{2} - lx\right) + C \tag{c}$$

$$w = \frac{F}{EI}\left(\frac{x^3}{6} - \frac{lx^2}{2}\right) + Cx + D \tag{d}$$

积分常数 C、D 可由边界条件确定,固定端 A 处的转角和挠度均为 0,即:在 $x=0$ 处,$\theta_A = 0$,$w_A = 0$。将上述边界条件代入(c)式与(d)式,解得:$C=0$,$D=0$。

将所得积分常数代回(c)、(d)式,即得梁的转角方程和挠度方程分别为:

$$\theta = \frac{dw}{dx} = \frac{F}{EI}\left(\frac{x^2}{2} - lx\right) \tag{e}$$

$$w = \frac{F}{EI}\left(\frac{x^3}{6} - \frac{lx^2}{2}\right) \tag{f}$$

由(e)、(f)两式可知,梁的最大转角 θ_{max} 和最大挠度 w_{max} 均发生在自由端 B 处($x=l$),如图 10.3 所示,其值分别为:

$$\begin{cases} \theta_{max} = \theta|_{x=l} = -\dfrac{Fl^2}{2EI} \\ w_{max} = w|_{x=l} = -\dfrac{Fl^3}{3EI} \end{cases}$$

θ_{max} 为负,说明梁弯曲时横截面中性轴沿着顺时针方向转动;w_{max} 为负,说明梁自由端 B 的位移方向与 w 轴的正向相反,即是向下的。

例 10.2

图 10.4 所示简支梁,承受集中载荷 F 作用。求此梁的挠度方程和转角方程,并计算其最大挠度和最大转角。

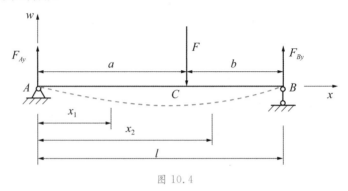

图 10.4

解:

由平衡方程得梁两端的支反力:$F_{Ay}=\dfrac{Fb}{l}$,$F_{By}=\dfrac{Fa}{l}$。

分段列出弯矩方程:

AC 段:

$$M_1=\frac{Fb}{l}x_1 \qquad\qquad (0\leqslant x_1\leqslant a)$$

CB 段:

$$M_2=\frac{Fb}{l}x_2-F(x_2-a) \qquad\qquad (a\leqslant x_2\leqslant l)$$

分段建立挠曲轴近似微分方程,并分别积分:

AC 段$(0\leqslant x_1\leqslant a)$:

$$\begin{cases} EIw_1''=\dfrac{Fb}{l}x_1 \\[2mm] \theta_1=w_1'=\dfrac{Fb}{EIl}\dfrac{x_1^2}{2}+C_1 \\[2mm] w_1=\dfrac{Fb}{EIl}\dfrac{x_1^3}{6}+C_1x_1+D_1 \end{cases} \qquad (a)$$

CB 段$(a\leqslant x_2\leqslant l)$:

$$\begin{cases} EIw_2''=\dfrac{Fb}{l}x_2-F(x_2-a) \\[2mm] \theta_2=w_2'=\dfrac{Fb}{EIl}\dfrac{x_2^2}{2}-\dfrac{F}{EI}\dfrac{(x_2-a)^2}{2}+C_2 \\[2mm] w_2=\dfrac{Fb}{EIl}\dfrac{x_2^3}{6}-\dfrac{F}{EI}\dfrac{(x_2-a)^3}{6}+C_2x_2+D_2 \end{cases} \qquad (b)$$

其中(b)式中,对含有 (x_2-a) 的项在对 x_2 的逐次积分中保留了 (x_2-a) 的形式,这可利用 $x_2=a$ 处的已知条件,使得求解积分常数的计算得到简化。

为确定四个积分常数,需要四个独立条件。在梁的铰支端有如下位移边界条件:

$$\begin{cases} x_1 = 0, w_1 = 0 \\ x_2 = l, w_2 = 0 \end{cases} \tag{c}$$

在集中力作用的截面 C 处应有唯一的转角与挠度,即满足连续性条件:

$$\begin{cases} x_1 = x_2 = a, w_1 = w_2 \\ x_1 = x_2 = a, \theta_1 = \theta_2 \end{cases} \tag{d}$$

将(c)式和(d)式代入到(a)式和(b)式,可得:

$$\begin{cases} C_1 = C_2 = -\dfrac{Fb}{6EIl}(l^2 - b^2) \\ D_1 = D_2 = 0 \end{cases} \tag{e}$$

将(e)式中积分常数代回(a)、(b)两式,即得两段梁的转角和挠度方程:

AC 段($0 \leqslant x_1 \leqslant a$):

$$\begin{cases} \theta_1 = -\dfrac{Fb}{6EIl}(l^2 - b^2 - 3x_1^2) \\ w_1 = -\dfrac{Fbx_1}{6EIl}(l^2 - b^2 - x_1^2) \end{cases} \tag{f}$$

CB 段($a \leqslant x_2 \leqslant l$):

$$\begin{cases} \theta_2 = -\dfrac{F}{6EI}\left[\dfrac{b}{l}(l^2 - b^2 - 3x_2^2) + 3(x_2 - a)^2\right] \\ w_2 = -\dfrac{F}{6EI}\left[\dfrac{b}{l}x_2(l^2 - b^2 - x_2^2) + (x_2 - a)^3\right] \end{cases} \tag{g}$$

最大转角出现在简支梁的端点处,由式(f)和式(g)分别得到 $x_1 = 0$ 处和 $x_2 = l$ 处的截面转角:

$$\begin{cases} \theta_A = -\dfrac{Fab}{6EIl}(l+b) \\ \theta_B = \dfrac{Fab}{6EIl}(l+a) \end{cases} \tag{h}$$

当 $a > b$ 时,$\theta_B > \theta_A$,即梁的最大转角为 $x_2 = l$ 处的截面转角 θ_B。最大挠度发生在 $w' = \theta = 0$ 处。

如果集中载荷作用在梁的中点($a = b$),根据对称性,中点处的转角为零,挠度最大;如果集中载荷不在中点,假设 $a > b$,则需寻找转角为零的截面。首先考察较长的 AC 段梁($0 \leqslant x_1 \leqslant a$),令 $w'_1 = \theta_1 = 0$,代入(f)式得转角为零截面的坐标:

$$x_0 = \sqrt{\dfrac{l^2 - b^2}{3}} = a\sqrt{\dfrac{1}{3} + \dfrac{2b}{3a}} < a \tag{i}$$

故最大挠度发生在较长的 AC 段梁中。将(i)代入(f)式,得最大挠度:

$$w_{\max} = w_1\big|_{x = x_0} = -\dfrac{Fb}{9\sqrt{3}\,EIl}(l^2 - b^2)^{3/2} \tag{j}$$

10.4　求解弯曲变形的叠加法

采用10.3节的积分法可得到转角和挠度的方程,但工程中常常只需确定某些特定截面的转角和挠度,此时叠加法可提供更加简便的解决方案。

梁发生弯曲变形时,在材料服从胡克定律且忽略剪力影响的情况下,有挠曲轴的二阶非线性微分方程(10.4),在弯曲变形较小时可线性化为近似微分方程(10.6)。由于是小变形,横截面形心的轴向位移可忽略,计算弯矩时用梁变形前的位置、尺寸,故弯矩与载荷也成线性关系。

基于以上假设,梁的挠度和转角均与梁上的载荷成线性关系,可利用线性系统的叠加原理来简化梁弯曲变形的求解。**当梁上同时受多个载荷作用时,每一个载荷所引起的梁变形与其他载荷的作用无关,梁的总变形效果是各个载荷独立作用效果的线性叠加。**简言之,工程中只要梁的弯曲变形较小,应力不超过材料比例极限,则可用叠加法计算梁的变形。

在一般的工程计算手册中有挠度表,将悬臂梁和简支梁在集中载荷、集中力偶、分布载荷等单一载荷作用下的挠度和转角表达式列出。对较复杂情形,如载荷多于两个,或者支承条件不同于简单悬臂梁和简支梁的情形,可以利用叠加法,尝试转化为现有挠度表中几种已知情形的线性组合。

例 10.3

图 10.5(a)所示简支梁,同时承受均布载荷 q、集中载荷 F 与集中力偶矩 M_e 作用。用叠加法计算梁中点截面 C 的挠度和右端支座 B 处的转角。

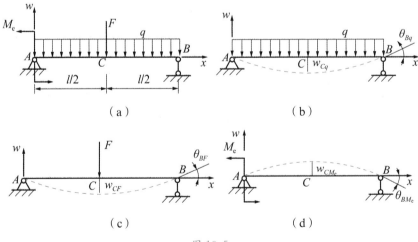

（a）　　　　　　　　　　（b）

（c）　　　　　　　　　　（d）

图 10.5

解:

简支梁的变形由三种简单载荷共同引起,三者独立作用时的变形情况如图 10.5(b)、(c)、(d)所示,查挠度表可得三种情况下梁中点截面 C 的挠度分别为:

$$w_{Cq} = -\frac{5ql^4}{384EI}, \quad w_{CF} = -\frac{Fl^3}{48EI}, \quad w_{CM_e} = \frac{M_e l^2}{16EI}$$

和梁右端支座 B 处的转角分别为:

$$\theta_{Bq} = \frac{ql^3}{24EI}, \quad \theta_{BF} = \frac{Fl^2}{16EI}, \quad \theta_{BM_e} = -\frac{M_e l}{6EI}$$

应用叠加法,三种载荷共同作用时梁的相应挠度和转角为以上结果的代数和:

$$w_C = w_{Cq} + w_{CF} + w_{CM_e} = -\frac{5ql^4}{384EI} - \frac{Fl^3}{48EI} + \frac{M_e l^2}{16EI}$$

$$\theta_B = \theta_{Bq} + \theta_{BF} + \theta_{BM_e} = \frac{ql^3}{24EI} + \frac{Fl^2}{16EI} - \frac{M_e l}{6EI}$$

例 10.4

图 10.6(a)所示外伸梁,其弯曲刚度为 EI,在 CD 段受分布载荷 q 的作用。用叠加法确定自由端 C 的挠度和转角。

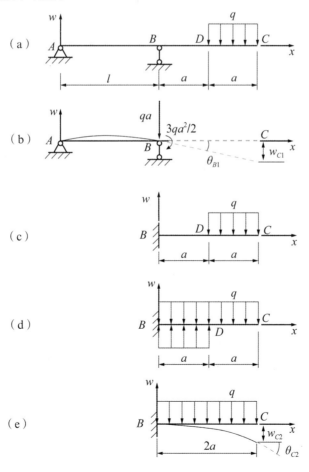

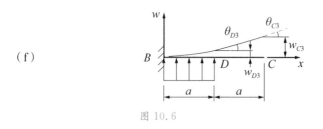

（f）

图 10.6

解：

挠度表中仅包含简支梁和悬臂梁的情形，为利用叠加法，可将外伸梁 ABC 看作由简支梁 AB（图 10.6(b)）和固定于 B 端的悬臂梁 BC（图 10.6(c)）组成，二者的变形均在自由端 C 引起相应的挠度和转角，现分别考虑。

首先研究图 10.6(b) 所示简支梁 AB 的变形时，将 BC 段梁视为刚体，则 BC 上的分布载荷 q 可平移到 B 截面，得作用在该截面的集中力 qa 和矩为 $\frac{3}{2}qa^2$ 的附加力偶，集中力作用在支座 B 处不引起变形，力偶引起的截面 B 的转角可查表得到：$\theta_{B1} = -\dfrac{qa^2 l}{2EI}$。由 θ_{B1} 引起截面 C 的相应转角和挠度为：$\theta_{C1} = \theta_{B1}$，$w_{C1} = 2a\theta_{B1} = -\dfrac{qa^3 l}{EI}$。

再研究 BC 段梁的变形，将 AB 段梁视为刚体，则 B 截面的挠度和转角为零，BC 段梁可视为 B 端固定的悬臂梁，如图(c)所示。为了利用挠度表中关于梁全长承受均布载荷的结果，将图(c)的分布载荷用图(d)所示分布载荷等效，显然这两个力系对梁的弯曲变形效果相同。而由(d)所示分布载荷引起的悬臂梁 BC 的变形等于(e)和(f)所示分布载荷引起变形的叠加，二者均可直接或间接由挠度表得到：

$$\theta_{C2} = -\frac{4qa^3}{3EI}, \quad w_{C2} = -\frac{2qa^4}{EI}$$

$$\theta_{D3} = \frac{qa^3}{6EI}, \quad w_{D3} = \frac{qa^4}{8EI}$$

$$\theta_{C3} = \theta_{D3} = \frac{qa^3}{6EI}, \quad w_{C3} = w_{D3} + a\theta_{D3} = \frac{qa^4}{8EI} + \frac{qa^4}{6EI}$$

根据叠加原理，将以上结果求代数和，得自由端 C 的挠度和转角：

$$\theta_C = \theta_{C1} + \theta_{C2} + \theta_{C3} = -\frac{qa^2 l}{2EI} - \frac{4qa^3}{3EI} + \frac{qa^3}{6EI} = -\frac{qa^3}{6EI}\left(7 + \frac{3l}{a}\right)$$

$$w_C = w_{C1} + w_{C2} + w_{C3} = -\frac{qa^3 l}{EI} - \frac{2qa^4}{EI} + \frac{qa^4}{8EI} + \frac{qa^4}{6EI} = -\frac{qa^4}{EI}\left(\frac{41}{24} + \frac{l}{a}\right)$$

例 10.5

图 10.7(a)所示变截面悬臂梁，AB 段和 BC 段的弯曲刚度分别为 $2EI$ 和 EI，长度均为 a，在 C 截面作用载荷 F。用叠加法求 B、C 截面的挠度 w_B 和 w_C。

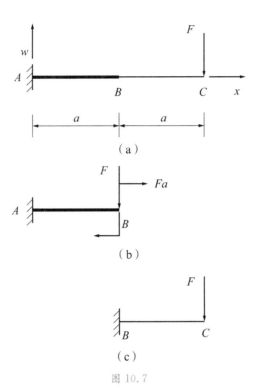

图 10.7

解：

与例 10.4 类似，分别求出梁 AB 段弯曲和 BC 段弯曲在 B、C 截面的挠度，再求代数和即可求得 B、C 截面的总挠度 w_B 和 w_C。

F 作用下梁 AB 段的弯曲情况可将 F 移到 B 截面，并附加力矩 Fa，而 BC 段当作刚体，如图 10.7(b) 所示。因此可得 B 截面的挠度 w_B 和转角 θ_B：

$$w_B = \frac{Fa^3}{3(2EI)} + \frac{Fa \cdot a^2}{2(2EI)} = \frac{5Fa^3}{12EI}$$

$$\theta_B = \frac{Fa^2}{2(2EI)} + \frac{Fa \cdot a}{2EI} = \frac{3Fa^2}{4EI}$$

因此，梁 AB 段弯曲在 C 截面的挠度为：

$$w_{C1} = w_B + \theta_B \cdot a = \frac{7Fa^3}{6EI}$$

梁 BC 段弯曲时，AB 段当作刚体，如图 10.7(c) 所示，在 B 截面的挠度为 0，在 C 截面的挠度为：

$$w_{C2} = \frac{Fa^3}{3EI}$$

因此，B 截面和 C 截面的总挠度分别为：

$$\begin{cases} w_B = \dfrac{5Fa^3}{12EI} \\[2mm] w_C = w_{C1} + w_{C2} = \dfrac{3Fa^3}{2EI} \end{cases}$$

例 10.6

如图 10.8(a)所示，AB 梁和 BC 梁在 B 处用铰链连接，构成组合梁，已知 AB 梁和 BC 梁的 EI 为常数且相等。求 w_B 与 θ_A。

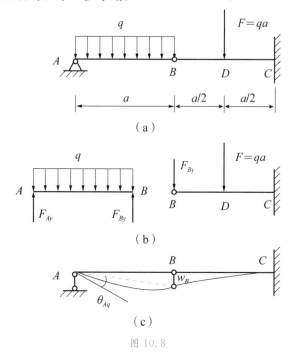

（a）

（b）

（c）

图 10.8

解：

（1）计算约束反力

将 AB 梁和 BC 梁在 B 处拆开，受力分析如图 10.8(b)所示。取 AB 梁为研究对象并列平衡方程：

$$\begin{cases} \sum M_A(F)=0 & F_{By} \times a - qa \times \dfrac{a}{2}=0 \\ \sum F_y=0 & F_{Ay}+F_{By}-qa=0 \end{cases}$$

算得：$F_{Ay}=F_{By}=\dfrac{qa}{2}$

（2）计算截面挠度 w_B

$$w_B=w_{B,F_{By}}+w_{B,F}=\frac{qa}{2}\frac{a^3}{3EI}+\frac{F\left(\dfrac{a}{2}\right)^2}{6EI}\left(3a-\frac{a}{2}\right)=\frac{13qa^4}{48EI}\ (\text{向下})$$

（3）计算截面转角 θ_A

$$\theta_A=\frac{w_B}{a}+\theta_{A,q}=\frac{13qa^3}{48EI}+\frac{qa^3}{24EI}=\frac{5qa^3}{16EI}\ (\text{顺时针})$$

10.5　简单静不定梁

前面几节所讨论的梁，其支反力用静力平衡方程即可确定，故均为静定梁。但在工程实际中，为了降低梁内的最大内力与位移以提高梁的强度与刚度，或满足特定功能需要，往往需要在静定梁的基础上增加约束使之成为静不定梁，而增加的约束并非维持结构的几何不变性所必需的，故习惯称之为多余约束，与其相应的支反力（或支反力偶矩）称为多余支反力。多余约束或多余支反力的数目，称为静不定的次数。

为求解静不定梁，除了平衡方程外，还需要考虑变形，建立方程数与静不定次数相等的变形协调方程。变形协调方程描述了由于约束而使结构各部分变形需要满足的几何关系，将体现变形与力之间关系的物理方程代入，可得补充方程，将补充方程与平衡方程联立可求得全部未知力。

多余约束对梁的作用是通过施加多余支反力，从而对梁的变形产生约束。因此，只要能求解出未知的多余支反力，就能以之作为约束力等价地替代多余约束，从而将静不定梁在形式上转变成受约束力作用的静定梁，进而计算梁的内力、应力和位移等。可见，分析静不定梁的关键在于多余支反力的求解，现以图 10.9(a)所示梁为例加以说明。

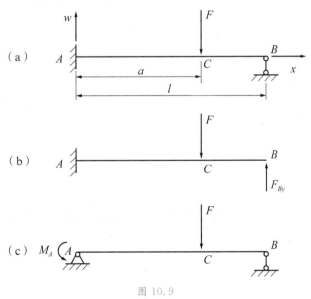

图 10.9

(1)根据支反力与独立静平衡方程的数目，判断梁的静不定次数。该梁左端为固定端，右端为可动铰支座，共有 F_{Ax}、F_{Ay}、M_A 和 F_{By} 4 个支反力。然而平面任意力系只能列 3 个独立的静力平衡方程，多余支反力的数目是 1。因此，此系统属于一次静不定梁。

(2)解除多余约束，并以相应多余约束力代替其作用。常采用两种解除多余约束的办法，一是将右端的铰支座视为多余约束加以解除，代之以多余约束力 F_{By}，成为在外力 F

和未知力 F_{By} 共同作用下的静定的悬臂梁,如图 10.9(b)所示;二是将固定端对截面的转动约束视为多余约束加以解除,代之以约束力偶矩 M_A,成为在外力 F 和未知力偶 M_A 共同作用下的静定简支梁,如图 10.9(c)所示。解除多余约束并代之未知约束力,得到的受力与原静不定梁相同的静定梁,称为原静不定梁的相当系统。这里图 10.9(b)、图 10.9(c)都是图 10.9(a)的相当系统。

(3)计算相当系统在多余约束处的位移,并根据相应的变形协调条件建立补充方程,求出多余约束力。

以图 10.9(b)所示相当系统为例,在外力 F 和未知约束力 F_{By} 共同作用下发生变形,以 w_{B1} 和 w_{B2} 分别表示 F 和 F_{By} 各自单独作用时 B 端的挠度,查挠度表得:$w_{B1} = -\dfrac{Fa^2}{6EI} \cdot (3l-a)$,$w_{B2} = \dfrac{F_{By}l^3}{3EI}$

由叠加法得总挠度为:$w_B = w_{B1} + w_{B2} = -\dfrac{Fa^2}{6EI}(3l-a) + \dfrac{F_{By}l^3}{3EI}$

变形协调条件是对原梁在多余约束处的变形情况的描述。由于多余简支座的约束,B 端挠度为零,故变形协调条件为:$w_B = 0$

由此可得未知约束力:$F_{By} = \dfrac{F}{2}\left(\dfrac{3a^2}{l^2} - \dfrac{a^3}{l^3}\right)$。

解出未知约束力后,原来的静不定梁就相当于在已知外力 F 和 F_{By} 共同作用下的悬臂梁,可用静定梁的处理办法求解梁的 A 端支反力 F_{Ax},F_{Ay} 和支反力偶矩 M_A,作出剪力图和弯矩图,并进行强度计算。

思考题 1:如果采用如图 10.9(c)所示相当系统,变形协调条件是什么? 由此求得的结果是否与上述分析结果相同?

思考题 2:长为 l 的梁,在距离左端为 a 处作用集中力 F 的作用,分别采用图 10.9(a)所示左端固定、右端简支的静不定结构,图 10.9(b)所示静定的悬臂梁,或者图 10.9(c)所示静定的简支梁。画出三者的剪力图和弯矩图,并讨论多余约束对强度的影响。

10.6 梁的刚度条件与合理刚度设计

一、梁的刚度条件

工程结构中的梁,如果变形过大往往无法正常工作。如,机床的主轴挠度过大将降低加工精度;转动轴在滑动轴承支座处转角过大将加速轴承的磨损;高速铁路的供电接触网的变形过大容易导致其与列车受电弓之间的接触故障;桥梁桥面的挠度过大也会增大跨区间无缝线路钢轨的附加应力,从而影响列车运行的平稳性。因此,为使梁满足工作要求,除了进行强度校核,还需要进行刚度校核,检查其是否满足刚度条件。

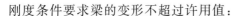

刚度条件要求梁的变形不超过许用值：

$$w_{\max} \leqslant [w] \tag{10.10}$$

$$\theta_{\max} \leqslant [\theta] \tag{10.11}$$

式中，$[w]$ 和 $[\theta]$ 分别是许用挠度和许用转角，常见梁和轴的许用值可从相关设计规范或手册中查得。例如，土建工程中跨度为 l 的梁，其许用挠度一般为：

$$[w] = \frac{l}{1000} \sim \frac{l}{250}$$

机械系统中一般用途的长为 l 的轴，其许用挠度一般为：

$$[w] = \frac{l}{10000} \sim \frac{l}{2000}$$

传动轴承在支座处的许用转角一般为：

$$[\theta] = 0.001 \sim 0.005 \text{rad}$$

二、梁的合理刚度设计

不同约束类型的梁抵抗变形的能力不同。欲提高梁抵抗变形的能力，则需要进行刚度设计。

梁的合理刚度设计是指通过对梁相关要素的合理设计以提高梁的刚度，减少弯曲变形、提高梁刚度的主要途径有：

1.缩短梁长

对于集中力作用的情形，由梁的挠曲轴方程可知，挠度与梁长度的三次方成正比，转角与梁长度的二次方成正比。对均布载荷作用，挠度和转角分别与梁长的四次方和三次方成正比。因此，缩短梁长对减小弯曲变形效果显著。

2.改进约束形式

对梁长不能缩短的情况，可以通过优化支承位置来减小梁的变形，例如图 10.10(a)所示跨度为 l 的简支梁，中点处作用集中力 F，如图 10.10(b)所示将梁两端的铰支座各向内移动 $l/4$，则图 10.10(b)梁中点处挠度将降为图 10.10(a)的 12.5%。对图 10.10(c)所示承受均布载荷 q 的情形，将支座同样内移 $l/4$，图 10.10(d)梁的最大挠度将仅为图10.10(c)的 8.75%。

3.改进加载方式

通过改变加载方式降低弯矩，可以减少弯曲变形。将图 10.10(a)的作用于简支梁跨度中点的集中力 F 用图 10.10(c)合力相等的全梁均布载荷 q 替代，则图 10.10(c)的最大挠度将下降为图 10.10(a)的 62.5%。

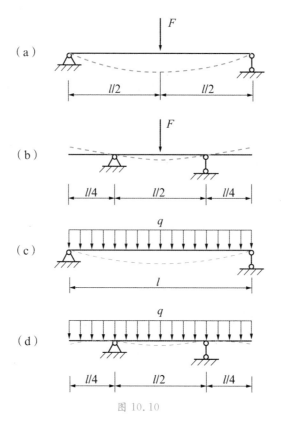

图 10.10

4. 增大截面惯性矩

选取形状合理的截面以增大截面惯性矩,可以提高弯曲刚度。例如,工字形、槽形和 T 形截面都比相同面积的矩形截面有更大的惯性矩。

5. 提高材料弹性模量

选取弹性模量高的材料,可以增强抵抗变形的能力,但应注意不同类型的钢材虽强度极限差别可达数倍,但其弹性模量大致相同。

机械系统和工程结构中也常常采用增加支座的办法来减小梁的变形,梁相应成为静不定梁。

思考题 3: 梁的强度条件和刚度条件分别是什么? 提高梁的强度和刚度的办法有什么异同?

习　题

10.1　用积分法求简支梁中点截面 C 的挠度 w_C 和右端支座截面 B 处的转角 θ_B,计算其最大转角,并判断最大挠度出现在 AC 段还是 CB 段。

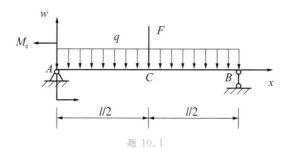

题 10.1

10.2 用积分法求解外伸梁的自由端 C 截面的挠度 w_C 和转角 θ_C。

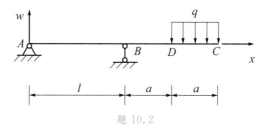

题 10.2

10.3 图示外伸梁,弯曲刚度为 EI,受均布载荷 q。用叠加法确定自由端 C 截面的挠度 w_C 和转角 θ_C。

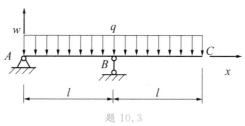

题 10.3

10.4 用叠加法求图示梁 C 端的挠度 w_C 和转角 θ_C。

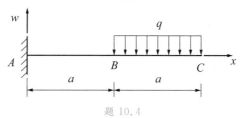

题 10.4

10.5 求图示梁 B 截面的挠度 w_B。

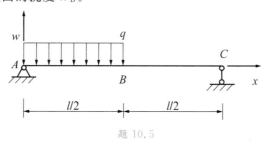

题 10.5

10.6 求图示梁 B、D 两截面的挠度 w_B、w_D。

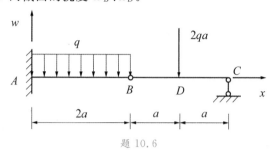

题 10.6

10.7 图示梁 A 处为固定铰支座，B、C 为滑动铰支座。均布载荷 $q = 10\text{kN/m}$，集中力 $F = 10\text{kN}$，梁跨度 $l = 2\text{m}$，梁圆截面的直径 $d = 100\text{mm}$，许用应力 $[\sigma] = 100\text{MPa}$。校核该梁的强度。

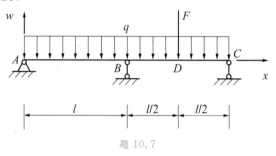

题 10.7

第 11 章

应力状态分析

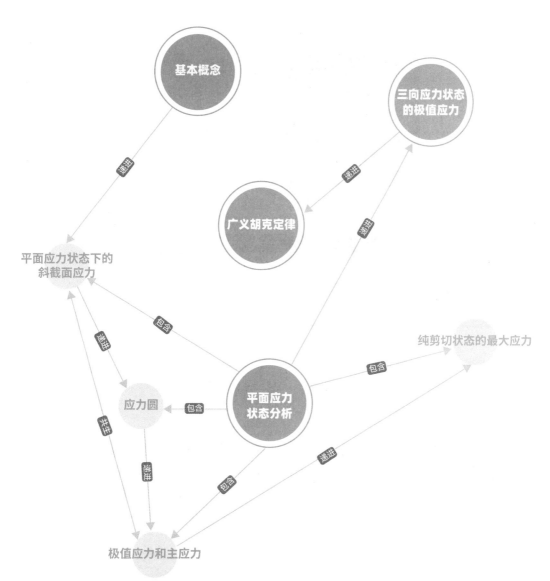

应力状态分析

本章首先介绍应力状态相关基本概念,然后进行平面应力状态分析,在此基础上求解三向应力状态的最大应力,最后阐述广义胡克定律。

课前小问题:

1.为什么墙面出现裂缝时,裂缝位置总是和垂直方向成45°左右(图11.1(a)所示)?

2.为什么铸铁在压缩和扭转时其断口都与轴线成45°左右(图11.1(b)、图11.1(c)所示)?

（a）墙面出现裂缝　　　　（b）铸铁压缩断裂

（c）铸铁扭转断裂

图 11.1

11.1　基本概念

前面章节介绍了构件在轴向拉伸(压缩)、扭转和弯曲时的强度问题。这些构件危险点或处于单向受力状态(拉(压)、弯曲),如图 11.2(a)所示,或处于只受剪切状态(扭转),如图 11.2(b)所示。相应的强度条件为:

$$\begin{cases} \sigma_{max} = \dfrac{F_{N,max}}{A} \leqslant [\sigma] & \text{拉(压)} \\[3mm] \sigma_{max} = \dfrac{M_{max}}{W} \leqslant [\sigma] & \text{弯曲} \\[3mm] \tau_{max} = \dfrac{F_s S_{zmax}}{I_z b} \leqslant [\tau] & \text{弯曲} \\[3mm] \tau_{max} = \dfrac{T_{max}}{W_p} \leqslant [\tau] & \text{扭转} \end{cases}$$

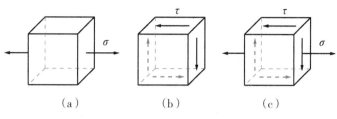

图 11.2

但在实际工程中,构件往往处于更加复杂的受力状态。比如,齿轮传动轴受到弯曲和扭转的联合作用,其受力状态如图 11.2(c)所示。单独用弯曲正应力和扭转切应力强度条件去校核就会存在问题,需要研究正应力和切应力联合作用时的情况。

过一点有无数个截面,这一点的各个截面上应力情况的集合,称为这个点的应力状态。研究应力状态的目的是找出某一点沿不同方向应力的变化规律,确定该点最大正应力,从而全面考虑构件破坏的原因,建立强度条件。研究某一点的应力状态,可对一个包围该点的微小正六面体——单元体进行分析,如图 11.3 所示。图中只画出三个面的应力情况,另外三个面的应力可根据平衡方程和切应力互等定理确定方向。本教材为了表述简单起见,都采用这种简化画法。同时,在表述切应力时,通常将足标的第二个字母略去,如将 τ_{xy} 用 τ_x 表示。

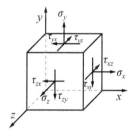

图 11.3

切应力为零的平面称为主平面,作用于主平面上的正应力称为主应力,如图 11.4 所示。主应力符号规定如下:拉应力为正,压应力为负。三个主应力按照代数值大小排序,即 $\sigma_1 \geqslant \sigma_2 \geqslant \sigma_3$。图 11.4(a)所示的三个主应力分别为:$\sigma_1 = 50\text{MPa}$, $\sigma_2 = 30\text{MPa}$, $\sigma_3 = -20\text{MPa}$。

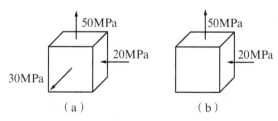

图 11.4

思考题 1:图 11.4(b)所示的受力情况,三个主应力分别为多少?

只有一个主应力不等于零,另两个主应力都等于零的应力状态,称为单向应力状态,如图 11.5(a)所示。有两个主应力不等于零,另一个主应力等于零的应力状态,称为二向应力状态,如图 11.5(b)所示。三个主应力都不等于零的应力状态,称为三向应力状态,如图 11.5(c)所示。二向与三向应力状态,统称复杂应力状态。

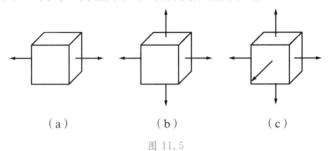

（a） （b） （c）

图 11.5

仅在微体四个侧面上作用有应力,且其作用线均平行于微体不受力表面的应力状态,称为平面应力状态,如图 11.6 所示。微体各侧面均作用有应力,称为空间应力状态,如图 11.3 所示。单元体上只存在切应力而无正应力的平面应力状态,称为纯剪切应力状态,如图 11.2(b)所示。

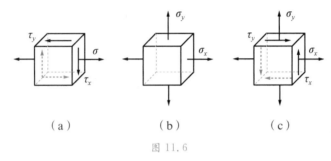

（a） （b） （c）

图 11.6

11.2 平面应力状态分析

一、平面应力状态下的斜截面应力

如图 11.7(a)所示,在平面应力状态下,已知微体上与 x 轴垂直的平面上有正应力 σ_x 和切应力 τ_x,与 y 轴垂直的平面上有正应力 σ_y 和切应力 τ_y。为求解任意角度斜截面上的正应力 σ_α 和切应力 τ_α,用假想的平面将图 11.7(a)中的微体切开,并选三棱柱为研究对象,如图 11.7(b)所示。记斜截面的面积为 $\mathrm{d}A$,则左侧面积和底部面积分别为 $\mathrm{d}A\cos\alpha$ 和 $\mathrm{d}A\sin\alpha$。斜截面上正应力和切应力对应的内力分别为 $\sigma_\alpha\mathrm{d}A$ 和 $\tau_\alpha\mathrm{d}A$,左侧面上的内力分别为 $\sigma_x(\mathrm{d}A\cos\alpha)$ 和 $\tau_x(\mathrm{d}A\cos\alpha)$,底部面上的内力分别为 $\sigma_y(\mathrm{d}A\sin\alpha)$ 和 $\tau_y(\mathrm{d}A\sin\alpha)$。

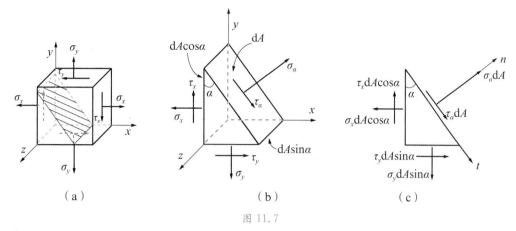

（a）　　　　　　　　　　（b）　　　　　　　　（c）

图 11.7

沿斜截面的法向和切向建立坐标系,如图 11.7(c)所示。此微体的平衡方程为:

$$
\begin{cases}
\sum F_n = 0 & \sigma_\alpha dA + (\tau_x dA\cos\alpha)\sin\alpha - (\sigma_x dA\cos\alpha)\cos\alpha \\
& + (\tau_y dA\sin\alpha)\cos\alpha - (\sigma_y dA\sin\alpha)\sin\alpha = 0 \\
\sum F_t = 0 & \tau_\alpha dA - (\tau_x dA\cos\alpha)\cos\alpha - (\sigma_x dA\cos\alpha)\sin\alpha \\
& + (\tau_y dA\sin\alpha)\sin\alpha + (\sigma_y dA\sin\alpha)\cos\alpha = 0
\end{cases} \tag{a}
$$

根据切应力互等定理可知,$\tau_x = \tau_y$,可得:

$$
\begin{cases}
\sigma_\alpha = \sigma_x\cos^2\alpha + \sigma_y\sin^2\alpha - 2\tau_x\cos\alpha\sin\alpha \\
\tau_\alpha = (\sigma_x - \sigma_y)\sin\alpha\cos\alpha + \tau_x\cos^2\alpha - \tau_y\sin^2\alpha
\end{cases} \tag{b}
$$

根据三角函数关系,斜截面上的正应力 σ_α 和切应力 τ_α 可进一步化简。

$$
\sigma_\alpha = \frac{\sigma_x + \sigma_y}{2} + \frac{\sigma_x - \sigma_y}{2}\cos 2\alpha - \tau_x\sin 2\alpha \tag{11.1}
$$

$$
\tau_\alpha = \frac{\sigma_x - \sigma_y}{2}\sin 2\alpha + \tau_x\cos 2\alpha \tag{11.2}
$$

上述两式即为平面应力状态下斜截面应力的一般公式。要注意的是,公式中应力、角度方向的定义均与前面章节保持一致,即斜截面上的正应力以外法向为正方向;切应力以使微体有顺时针转动趋势的方向为正;方位角以坐标轴 x 始边、沿逆时针方向旋转和外法线方向一致的为正。

二、应力圆

将式(11.1)中右侧第一项$(\sigma_x + \sigma_y)/2$移至左侧,则式(11.1)和(11.2)可改写成:

$$
\sigma_\alpha - \frac{\sigma_x + \sigma_y}{2} = \frac{\sigma_x - \sigma_y}{2}\cos 2\alpha - \tau_x\sin 2\alpha
$$

$$
\tau_\alpha - 0 = \frac{\sigma_x - \sigma_y}{2}\sin 2\alpha + \tau_x\cos 2\alpha
$$

分别将上两式两端平方后相加,可得:

$$
\left(\sigma_\alpha - \frac{\sigma_x + \sigma_y}{2}\right)^2 + (\tau_\alpha - 0)^2 = \left(\frac{\sigma_x - \sigma_y}{2}\right)^2 + \tau_x^2 \tag{11.3}
$$

若以正应力 σ 为横坐标、切应力 τ 为纵坐标,则点(σ_a, τ_a)的轨迹为圆,圆心坐标为$\left(\dfrac{\sigma_x + \sigma_y}{2}, 0\right)$,半径为$R = \sqrt{\left(\dfrac{\sigma_x - \sigma_y}{2}\right)^2 + \tau_x^2}$。此圆也称为应力圆或摩尔圆,如图 11.8 所示。

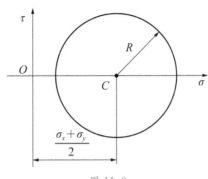

图 11.8

应力圆可以直观地展示应力状态,也便于分析危险点的应力大小及方向,是一种便捷的应力状态分析方法。

例 11.1

图 11.9(a)所示为构件内危险点的应力状态。试求斜截面上的正应力和切应力,画出该点的应力圆。

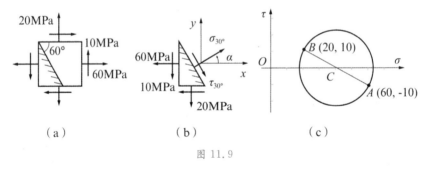

(a)　　　　　　　(b)　　　　　　　(c)

图 11.9

解:

(1)斜截面上的应力

按应力的方向规定有:$\sigma_x = 60\text{MPa}$, $\sigma_y = 20\text{MPa}$, $\tau_x = -10\text{MPa}$, $\alpha = 30°$,如图 11.9(b)所示。

由(11.1)、(11.2)式,可得:

$$\sigma_a = \frac{\sigma_x + \sigma_y}{2} + \frac{\sigma_x - \sigma_y}{2}\cos 2\alpha - \tau_x \sin 2\alpha = \frac{60 + 20}{2} + \frac{60 - 20}{2}\cos 60° + 10\sin 60° = 58.66\text{MPa}$$

$$\tau_a = \frac{\sigma_x - \sigma_y}{2}\sin 2\alpha + \tau_x \cos 2\alpha = \frac{60 - 20}{2}\sin 60° - 10\cos 60° = 12.32\text{MPa}$$

所以,斜截面上的正应力为 58.66MPa,切应力为 12.32MPa。

(2)画应力圆

根据应力圆的画法,微体上相邻两侧面夹角为90°,对应于应力圆上圆心角为180°的

两个点 $A(\sigma_x,\tau_x)$ 和 $B(\sigma_y,-\tau_x)$。将微体的应力代入,可得 A 和 B 两点的坐标分别为 $(60,-10)$ 和 $(20,10)$。选择相应的比例,将这两个点画在 σ-τ 平面内,连接 A、B 两点,与水平轴的交点即为圆心点坐标。应力圆如图 11.9(c)所示。

思考题 2:处于双向拉伸状态的构件,若微体的两个主应力均为拉应力且都等于 σ,应力圆是怎样的形式?最大切应力等于多少?

三、极值应力和主应力

应力圆上任一点的坐标对应于某个斜截面上的正应力和切应力。应力圆与水平轴(σ 轴)的交点 A 和 D,如图 11.10(a)所示。A 点的纵坐标为零,表明该点没有切应力,但有最小正应力;D 点切应力为零,但有最大正应力。

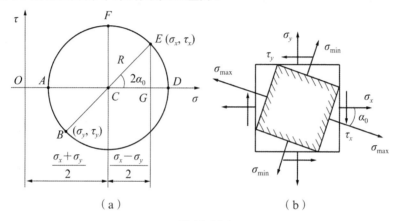

图 11.10

根据应力圆的几何关系,正应力的极值可写成:

$$\left.\begin{array}{r}\sigma_{\max}\\ \sigma_{\min}\end{array}\right\}=\overline{OC}\pm\overline{CD}=\frac{\sigma_x+\sigma_y}{2}\pm\sqrt{\left(\frac{\sigma_x-\sigma_y}{2}\right)^2+\tau_x^2} \qquad (11.4)$$

正应力最大值对应的截面方向角 α_0 可由(11.5)式确定:

$$\tan 2\alpha_0=\frac{\overline{EG}}{\overline{CG}}=-\frac{\tau_x}{\dfrac{\sigma_x-\sigma_y}{2}}=-\frac{2\tau_x}{\sigma_x-\sigma_y} \qquad (11.5)$$

A 和 D 位于应力圆上同一直径的两端,即最小与最大正应力所在截面相互垂直。因此,各正应力极值所在截面的方位如图 11.10(b)所示。从图 11.10(a)可以看出,在平行于 z 轴的各截面中,最大与最小切应力分别为:

$$\left.\begin{array}{r}\tau_{\max}\\ \tau_{\min}\end{array}\right\}=\pm\overline{CF}=\pm\sqrt{\left(\frac{\sigma_x-\sigma_y}{2}\right)^2+\tau_x^2} \qquad (11.6)$$

其所在截面也相互垂直,并与正应力的极值截面成 45°夹角。

铸铁构件受单向压缩时,其应力圆如图 11.11 所示。假设轴向压应力为 σ,则最大压应力和最大切应力分别为:$\sigma_{c,\max}=|\sigma_A|=\sigma,\tau_{\max}=\dfrac{\sigma}{2}$。对于铸铁、混凝土来说,抗压强度远

大于抗剪切强度。因此,材料破坏形式是剪切失效。由于最大切应力截面与最大压应力截面成45°夹角,而最大压应力发生在轴向,所以破坏也发生在与轴向成45°夹角的位置。

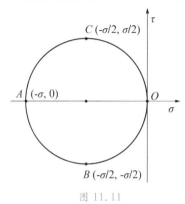

图 11.11

四、纯剪切状态的最大应力

根据应力圆的画法,可得纯剪切状态的应力圆,如图 11.12(a)所示,和 σ 轴分别交于 A 和 D 点,和 τ 轴分别交于 B 和 C 点。从应力圆可以看出,纯剪切应力状态的最大拉应力和最大压应力分别为:$\sigma_{t,max} = \sigma_D = \tau$,$\sigma_{c,max} = |\sigma_A| = \tau$。最大切应力和最小切应力分别为:$\tau_{max} = \tau$,$\tau_{min} = -\tau$。正应力的极值应力方位如图 11.12(b)所示,分别位于 $\alpha = -45°$ 和 $\alpha = 45°$ 的截面上。

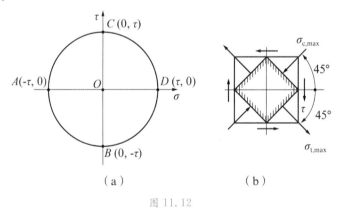

（a） （b）

图 11.12

灰口铸铁圆轴扭转就是属于纯剪切情况,其破坏时,在与轴线约成 45°倾角的螺旋面发生断裂,主要原因是与轴线约成 45°倾角的螺旋面拉应力最大。

11.3　三向应力状态的极值应力

11.2 节分析了平面应力状态下斜截面的应力及相应的极值应力。对于更一般的三向应力状态,仍可通过静力平衡条件解得三个主应力,进而确定主应力微体,如图 11.13

所示。

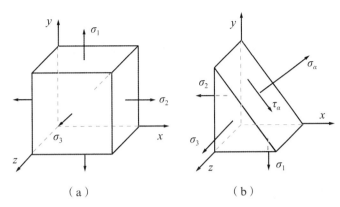

（a）　　　　　　　　（b）

图 11.13

若用平行于 z 轴的斜截面将主应力微体切开,按前一节的分析过程,以斜截面上正应力和切应力为坐标点的轨迹为 σ_1 和 σ_2 确定的应力圆,如图 11.14 所示。此斜截面上最大切应力为 $(\sigma_1-\sigma_2)/2$。同理,若以平行于 x 轴的斜截面将主应力微体切开,则点的轨迹为 σ_2 和 σ_3 确定的应力圆;若以平行于 y 轴的斜截面将主应力微体切开,点的轨迹为 σ_1 和 σ_3 确定的应力圆。同样可以证明,若斜截面不与三个轴平行,则以斜截面上的正应力和切应力为坐标的点位于三个圆构成的阴影区域内。

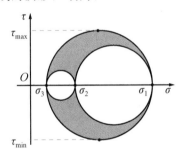

图 11.14

三向应力状态的应力圆表明,以任意角度切割微体时,斜截面上正应力和切应力的极值应为:

$$\sigma_{max}=\sigma_1 \tag{11.7}$$

$$\sigma_{min}=\sigma_3 \tag{11.8}$$

$$\tau_{max}=\frac{\sigma_1-\sigma_3}{2} \tag{11.9}$$

式(11.9)也适用于二向应力状态和单向应力状态。

思考题 3:往马里亚纳海沟扔一个 10kg 的铁球,铁球的应力状态是怎样? 铁球会不会被压变形?

思考题 4:用应力状态分析冬天铸铁管道内部水结冰致使管道爆裂的原因是什么?

思考题 5:用手摇式爆米花机制作爆米花,加热完成后打开机盖前后,玉米粒的应力状态有哪些变化?

11.4 广义胡克定律

胡克定律描述了线弹性材料在小变形下应力和应变的关系。在复杂应力状态下,胡克定律依然成立。本节将介绍复杂应力状态下的应力—应变关系。

平面应力状态可看成是 σ_x 单独作用、σ_y 单独作用与纯剪切单独作用的叠加,如图11.15所示。

当 σ_x 单独作用时,沿 x 与 y 方向的正应变分别为:

$$\varepsilon_x' = \frac{\sigma_x}{E}, \varepsilon_y' = -\mu \frac{\sigma_x}{E} \tag{a}$$

同理,当 σ_y 单独作用时,沿 x 与 y 方向的正应变分别为:

$$\varepsilon_x'' = -\mu \frac{\sigma_y}{E}, \varepsilon_y'' = \frac{\sigma_y}{E} \tag{b}$$

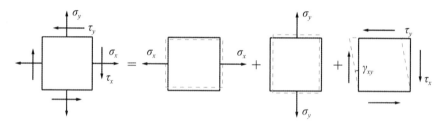

图 11.15

当 σ_x 和 σ_y 联合作用时,则沿 x 与 y 方向的正应变分别为:

$$\begin{cases} \varepsilon_x = \frac{1}{E}(\sigma_x - \mu\sigma_y) \\ \varepsilon_y = \frac{1}{E}(\sigma_y - \mu\sigma_x) \end{cases} \tag{11.10}$$

根据剪切胡克定律,微体的切应变为:

$$\gamma_{xy} = \frac{\tau_x}{G} \tag{11.11}$$

同理,对于如图11.16所示的三向应力状态,其正应变为:

$$\begin{cases} \varepsilon_x = \frac{1}{E}[\sigma_x - \mu(\sigma_y + \sigma_z)] \\ \varepsilon_y = \frac{1}{E}[\sigma_y - \mu(\sigma_z + \sigma_x)] \\ \varepsilon_z = \frac{1}{E}[\sigma_z - \mu(\sigma_x + \sigma_y)] \end{cases} \tag{11.12}$$

式(11.10)~(11.12),统称为广义胡克定律。

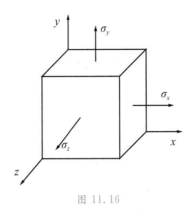

图 11.16

例 11.3

图 11.17 所示为钛合金制成的实心块体结构,已知三边尺寸分别为 60mm、80mm、100mm,钛合金的弹性模量 $E=35.4$GPa,泊松比 $\mu=0.33$。若将此块置于 110MPa 的静水压力中,分析此构件三边的变形量。

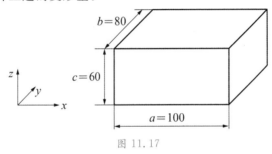

图 11.17

解:

由于静水压的作用,构件处于三向等压状态,三个主应力为: $\sigma_x=\sigma_y=\sigma_z=-110$MPa。

根据广义胡克定律,可得构件的应变量:

$$\varepsilon_x=\frac{1}{E}\left[\sigma_x-\mu(\sigma_y+\sigma_z)\right]=\frac{-110\times10^6}{35.4\times10^9}(1-0.33\times2)=-1.506\times10^{-3}$$

同理,可得其他两个方向上的应变量,即: $\varepsilon_y=\varepsilon_z=-1.506\times10^{-3}$。

由此可计算各边长的变形量:

$$\begin{cases}\Delta a=a\varepsilon_x=100\times10^{-3}\times(-1.506\times10^{-3})=-0.1056\text{mm}\\\Delta b=b\varepsilon_y=80\times10^{-3}\times(-1.506\times10^{-3})=-0.0845\text{mm}\\\Delta c=c\varepsilon_z=60\times10^{-3}\times(-1.506\times10^{-3})=-0.0634\text{mm}\end{cases}$$

习 题

11.1 已知微体的应力状态(单位为 MPa)如图所示。计算斜截面上的正应力和切应力。

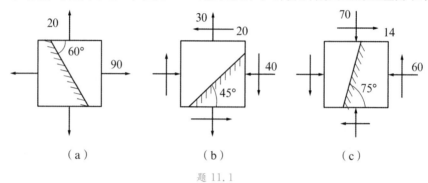

（a）　　　　　　　（b）　　　　　　　（c）

题 11.1

11.2 计算题 11.1 中各微体的主应力,并绘制应力圆。

11.3 构件处于平面应力状态,危险点应力状态如图所示。用三向应力状态的应力圆分析该点最大切应力的大小及方向。

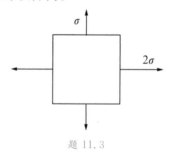

题 11.3

11.4 如图所示,钢制平板受两个方向的拉力作用,两个应变片(A、B)测得的应变分别为 $\varepsilon_A = -100 \times 10^{-6}$,$\varepsilon_B = -200 \times 10^{-6}$,已知钢的弹性模量 $E = 210\text{GPa}$,泊松比 $\mu = 0.3$。分析 x 和 y 方向的主应力。

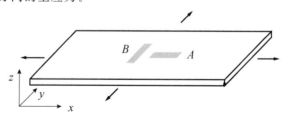

题 11.4

11.5 如图所示,A、B、C 分别为简支梁截面上的三个点,已知集中力 $F = 10\text{kN}$。画出 A、B、C 三点的应力状态,并画出主应力微体。

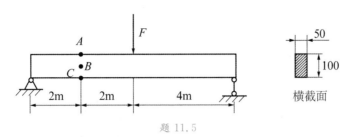

题 11.5

11.6 如图所示直径 $d=100\text{mm}$ 的圆轴受轴向力 $F=700\text{kN}$ 与力偶 $M=6\text{kN·m}$ 的作用。已知弹性模量 $E=200\text{GPa}$,泊松比 $\mu=0.3$。求:(1)圆轴表面点的应力状态图;(2)圆轴表面点图示方向($45°$)的正应变。

题 11.6

第 12 章

复杂应力状态强度问题

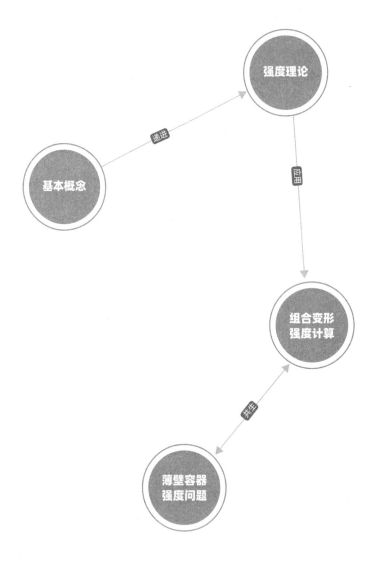

复杂应力状
态强度问题

本章首先介绍材料的失效形式,然后讲述各种失效形式下强度理论和评判依据,最后结合一些典型受力状况进行强度计算。

奋斗者号

课前小问题:
　　1.水管爆裂时,裂口生长方向沿轴线方向的力学原理是什么?
　　2.观看奋斗者号的视频,分析其在万米海底时的应力状态。
　　3.石头、玻璃的破坏形式与铝、钢、塑料有什么差别?

12.1　基本概念

　　处于单向应力状态的构件,拉伸(压缩)正应力与主应力大小、方向均一致,材料在单向应力状态的屈服极限也可由拉(压)实验确定。当正应力小于屈服极限时,构件是安全的。但工程上许多构件的危险点往往是处于复杂应力状态,存在三个主应力 σ_1、σ_2、σ_3,像单向应力状态那样分别对比单向拉伸实验数据是不合理的。另一方面,受限于成本和技术条件,通过试验测量每种主应力组合下材料的屈服极限也是不可行的。为此,本章将介绍几种强度理论,用于校核复杂应力状态下构件的强度问题。

　　构件的形状和所受载荷千差万别,但长期的工程实践表明,构件的失效形式主要包括断裂和屈服两种形式。

1.断裂失效

　　构件在外力作用下产生弹性变形,当外力达到某临界值时,材料突然发生断裂,破坏之前没有明显的塑性变形,这种失效方式称为断裂失效。脆性材料在单向拉伸或纯扭转状态下的失效均属于断裂失效。断裂失效通常与拉应力或拉应变过大有关。例如,铸铁、石头、混凝土试件在单向拉伸失效时,断裂面垂直于拉应力。在纯扭转时,断面与轴线方向成 45°角,同样沿着最大拉应力或最大拉应变方向。需要注意的是,脆性材料抗压强度明显大于抗拉强度。因此,脆性材料常用于一些承压的场合,但这只是脆性材料自身性能的比较,并不意味着其抗压性能一定优于塑性材料。

　　塑性材料也会发生断裂失效。例如螺栓拧紧,在应力集中和拉应力的作用下,螺栓根部会因三向拉伸而产生断裂失效。

2.屈服失效

　　塑性材料在单向拉伸时,当拉应力达到屈服极限时,会产生明显的塑性变形,即屈服失效。材料的屈服失效往往与切应力过大有关。例如,低碳钢受单向拉伸而屈服时,会产生与拉力方向成 45°角的滑移线,即沿最大切应力方向出现滑移。

　　脆性材料也会发生屈服失效。例如,三向受压的铸铁试件,随着压力的增加,铸铁试件也会产生明显的塑性变形。

12.2 强度理论

虽然材料的失效受应力状态、温度等多种因素的影响,但也存在清晰的规律。通过对大量失效现象的分析和研究,人们提出了多种假说以解释失效的规律,称为强度理论。强度理论源自实验数据和工程失效现象,其适用性也需要仔细研判。只有当材料的失效现象与强度理论的假说一致时,得到的结论才是可靠的。

针对断裂失效,将介绍最大拉应力理论和最大拉应变理论。针对屈服失效,将介绍最大切应力理论和最大畸变能密度理论。

一、第一强度理论

第一强度理论又称为最大拉应力准则(maximum tensile stress criterion)。该理论认为,不论材料处于何种应力状态,材料发生脆性断裂的原因是由于最大拉应力 σ_1 超过了单向拉伸时的最大拉应力 σ_{1u}(即强度极限 σ_b)。根据最大拉应力理论,材料断裂失效条件为:

$$\sigma_1 = \sigma_b \tag{12.1}$$

最大拉应力理论与脆性材料的拉伸失效实验数据较吻合。如前所述,铸铁等脆性材料在轴向拉伸断裂之前没有明显的屈服现象。对于二向或三向应力状态下的脆性材料,如果存在压应力但绝对值不大于最大主应力 σ_1,最大拉应力理论仍然适用。

思考题 1:如果压应力绝对值大于最大主应力 σ_1,第一强度理论是否还适用? 为什么?

根据最大拉应力理论,材料的强度条件为:

$$\sigma_1 \leqslant \frac{\sigma_b}{n} = [\sigma] \tag{12.2}$$

其中,σ_1 是构件危险点的最大拉应力;$[\sigma]$ 是材料单向拉伸时的许用应力。

例 12.1

如图 12.1(a)所示,铸铁圆轴自由端作用有 $M = 500\text{N} \cdot \text{m}$ 的扭力偶矩,铸铁的强度极限 $\sigma_b = 130\text{MPa}$,安全因素 $n = 1.5$。确定此轴的最小直径。

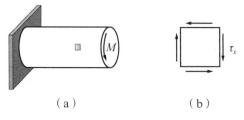

（a）　　　　（b）

图 12.1

解：

铸铁属于脆性材料，在纯剪切受力状态下会发生脆性断裂，断口垂直于最大拉应力方向。因此，可采用最大拉应力理论分析此轴的强度条件。纯扭状态下圆轴上的危险点位于外表面。在外表面上取微体，如图 12.1(b)所示。

根据题意，$\sigma_x=0$，$\sigma_y=0$，$\tau_x=\dfrac{T}{W_p}=\dfrac{M}{W_p}$

危险点的极值应力为：
$$\begin{cases}\sigma_{\max}=\dfrac{1}{2}(\sigma_x+\sigma_y)+\sqrt{\left(\dfrac{\sigma_x-\sigma_y}{2}\right)^2+\tau_x^2}=\tau_x\\[4mm]\sigma_{\min}=\dfrac{1}{2}(\sigma_x+\sigma_y)-\sqrt{\left(\dfrac{\sigma_x-\sigma_y}{2}\right)^2+\tau_x^2}=-\tau_x\end{cases}$$

所以，纯剪切应力状态下的三个主应力分别为：$\sigma_1=\tau_x$、$\sigma_2=0$、$\sigma_3=-\tau_x$

根据最大拉应力理论，构件的强度条件为：$\sigma_1\leqslant\dfrac{\sigma_b}{n}$

将切应力表达式和实心圆轴抗扭截面系数 $W_p=\pi d^3/16$ 代入，整理后可得：
$$d\geqslant\sqrt[3]{\dfrac{16nT}{\pi\sigma_b}}=\sqrt[3]{\dfrac{16\times1.5\times500}{\pi\times130\times10^6}}=0.0309\mathrm{m}$$

圆轴的最小直径可取为 31mm。

二、第二强度理论

第二强度理论又称为最大拉应变准则(maximum tensile strain criterion)。该理论认为，最大拉应变是导致材料断裂的主要因素。不论材料处于何种应力状态，只要最大拉应变达到材料单向拉伸断裂时的极限值 ε_{1u}，即发生断裂失效。按照此理论，材料断裂失效条件为：
$$\varepsilon_1=\varepsilon_{1u} \tag{12.3}$$

根据广义胡克定律，复杂应力状态下的最大拉应变为：
$$\varepsilon_1=\dfrac{1}{E}\left[\sigma_1-\mu(\sigma_2+\sigma_3)\right] \tag{12.4}$$

则材料在单向拉伸断裂时的最大拉应变为：
$$\varepsilon_{1u}=\dfrac{\sigma_b}{E} \tag{12.5}$$

将式(12.4)和式(12.5)代入到式(12.3)，可得材料断裂失效条件：
$$\sigma_1-\mu(\sigma_2+\sigma_3)=\sigma_b \tag{12.6}$$

考虑到材料的安全因素，相应材料强度条件为：
$$\sigma_1-\mu(\sigma_2+\sigma_3)\leqslant[\sigma] \tag{12.7}$$

与最大拉应力理论相比，最大拉应变理论考虑了三个主应力的影响，在解释部分脆性材料在二向或三向受拉或受压失效时更符合实验结果。

三、第三强度理论

第三强度理论又称为最大切应力准则(maximum shearing stress criterion)。该理论认为:引起材料屈服的主要因素是最大切应力,不论材料处于什么样的应力状态,只要最大切应力 $\tau_{\max}$ 达到了材料单向拉伸屈服时的最大切应力 τ_s,材料就发生屈服。

复杂应力状态下,最大切应力为:

$$\tau_{\max} = \frac{\sigma_1 - \sigma_3}{2} \tag{12.8}$$

单向拉伸条件下,$\sigma_2 = \sigma_3 = 0$。应力达到屈服强度 σ_s 时,材料单向拉伸屈服时的最大切应力 τ_s 为:

$$\tau_s = \frac{\sigma_s - 0}{2} = \frac{\sigma_s}{2} \tag{12.9}$$

根据第三强度理论,材料屈服失效条件为:

$$\tau_{\max} = \tau_s \tag{12.10}$$

综上,得材料的屈服条件为:

$$\sigma_1 - \sigma_3 = \sigma_s \tag{12.11}$$

材料的强度条件为:

$$\sigma_1 - \sigma_3 \leqslant [\sigma] \tag{12.12}$$

对于塑性材料的屈服失效,最大切应力理论与实验结果较吻合,在工程中广泛应用。该理论不足之处是没考虑 σ_2 的影响。

四、第四强度理论

第四强度理论又称为畸变能密度准则(criterion of strain energy density corresponding to distortion)。外力会使构件产生变形,载荷作用点会产生位移,从而对构件做功。载荷所做的功全部转化为能量储存在材料内部,称为应变能。在载荷作用下,微体的形状与体积一般均发生改变。与之对应,应变能又分为形状改变能与体积改变能。单位体积内的形状改变能称为畸变能密度。

三向受力状态下畸变能密度为:

$$\nu_d = \frac{1}{6E}(1+\mu)\left[(\sigma_1 - \sigma_2)^2 + (\sigma_2 - \sigma_3)^2 + (\sigma_3 - \sigma_1)^2\right] \tag{12.13}$$

第四强度理论认为,引起材料屈服的主要因素是畸变能,不论材料处于何种应力状态,只要构件内部的畸变能密度达到材料单向拉伸屈服时的畸变能密度 ν_{ds} 时,材料即发生屈服失效,即材料屈服失效条件为:

$$\nu_d = \nu_{ds} \tag{12.14}$$

单向拉伸屈服时的畸变能密度为:

$$\nu_{ds} = \frac{1}{6E}(1+\mu)\left[(\sigma_s - 0)^2 + (0 - 0)^2 + (0 - \sigma_s)^2\right] = \frac{1}{3E}(1+\mu)\sigma_s^2 \tag{12.15}$$

将式(12.13)和式(12.15)代入式(12.14),可得材料屈服失效条件:

$$\frac{1}{\sqrt{2}}\sqrt{(\sigma_1 - \sigma_2)^2 + (\sigma_2 - \sigma_3)^2 + (\sigma_3 - \sigma_1)^2} = \sigma_s \tag{12.16}$$

相应的强度条件为:

$$\frac{1}{\sqrt{2}}\sqrt{(\sigma_1-\sigma_2)^2+(\sigma_2-\sigma_3)^2+(\sigma_3-\sigma_1)^2}\leqslant[\sigma] \qquad (12.17)$$

对于塑性材料,最大畸变能密度理论比最大切应力理论更接近于试验结果。

上述四种强度理论的强度条件可以统一写成如下形式,

$$\sigma_r\leqslant[\sigma] \qquad (12.18)$$

式中,σ_r 称为相当应力,即在促使材料破坏或失效方面,与复杂应力状态应力等效的单向应力,如图 12.2 所示。

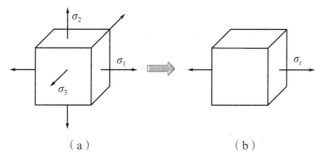

（a）　　　　　　　　　　　（b）

图 12.2　相当应力

四种强度理论对应的相当应力分别为:

$$\begin{cases}\sigma_{r1}=\sigma_1\\ \sigma_{r2}=\sigma_1-\mu(\sigma_2+\sigma_3)\\ \sigma_{r3}=\sigma_1-\sigma_3\\ \sigma_{r4}=\dfrac{1}{\sqrt{2}}\sqrt{(\sigma_1-\sigma_2)^2+(\sigma_2-\sigma_3)^2+(\sigma_3-\sigma_1)^2}\end{cases} \qquad (12.19)$$

思考题 2:分析基本变形时采用的强度校核方法与本章讲述的强度理论是否矛盾?

例 12.2

已知构件内危险点处于平面应力状态,如图 12.3 所示,已知 $\sigma_x=60\mathrm{MPa}$,$\tau_x=90\mathrm{MPa}$,材料许用应力$[\sigma]=220\mathrm{MPa}$。分别采用最大切应力理论和最大畸变能密度理论校核构件的强度。

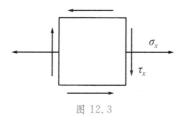

图 12.3

解:

危险点处于平面应力状态,极值应力为:

$$\left.\begin{matrix}\sigma_{\max}\\ \sigma_{\min}\end{matrix}\right\}=\frac{1}{2}(\sigma_x\pm\sqrt{\sigma_x^2+4\tau_x^2})=\frac{1}{2}(60\pm\sqrt{60^2+4\times90^2})=\begin{cases}124.87\mathrm{MPa}\\ -64.87\mathrm{MPa}\end{cases}$$

该点的主应力为：$\begin{cases}\sigma_1=124.87\text{MPa}\\\sigma_2=0\\\sigma_3=-64.87\text{MPa}\end{cases}$

根据最大切应力理论：

$$\sigma_{r3}=\sigma_1-\sigma_3=189.74\text{MPa}<[\sigma]$$

根据最大畸变能密度理论：

$$\sigma_{r4}=\frac{1}{\sqrt{2}}\sqrt{(\sigma_1-\sigma_2)^2+(\sigma_2-\sigma_3)^2+(\sigma_3-\sigma_1)^2}=167.04\text{MPa}<[\sigma]$$

综上，按最大切应力理论和最大畸变能密度理论，该点均是安全的。

工程结构通常受到多种载荷的共同作用，使用前面章节的分析方法，可将构件的受力状况分解成几种基本变形的组合。图12.4中的微体受到单向拉应力和切应力两种应力，根据式(11.4)可得对应的极值应力：

$$\left.\begin{array}{r}\sigma_{\max}\\\sigma_{\min}\end{array}\right\}=\frac{1}{2}\left(\sigma\pm\sqrt{\sigma^2+4\tau^2}\right)$$

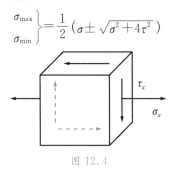

图 12.4

所以，该点相应的主应力为：$\begin{cases}\sigma_1=\dfrac{1}{2}\left(\sigma+\sqrt{\sigma^2+4\tau^2}\right)\\\sigma_2=0\\\sigma_3=\dfrac{1}{2}\left(\sigma-\sqrt{\sigma^2+4\tau^2}\right)\end{cases}$

按最大切应力理论(第三强度理论)，可得单向拉(压)与纯剪切组合应力状态的强度条件：

$$\sqrt{\sigma^2+4\tau^2}\leqslant[\sigma] \tag{12.20}$$

若按最大畸变能密度理论(第四强度理论)，可得单向拉(压)与纯剪切组合应力状态的强度条件：

$$\sqrt{\sigma^2+3\tau^2}\leqslant[\sigma] \tag{12.21}$$

12.3 组合变形强度计算

空间站遥
控机械手

在前面各章中分别讨论了杆件在拉伸(或压缩)、扭转和弯曲三种基本变形时的内力、应力及变形计算和相应的强度条件。但在实际工程中杆件的受力有时是很复杂的，会产生两种或两种以上的基本变形。因此，在外力作用下杆件发生两种或两种以上基本变形的组合称为组合变形。

在小变形假设和线弹性变形的情况下可根据叠加原理处理杆件的组合变形问题。当材料处于线弹性阶段时,杆件上的各种荷载所引起的内力和基本变形互不影响,即各种内力、应力和变形、应变是彼此独立的。在分析组合变形时,可先将外力进行简化或分解,把构件上的外力转化成几组载荷,其中每一组载荷对应着一种基本变形。分别计算每一基本变形引起的应力、内力、应变和位移,将所得结果叠加,便是构件在组合变形下的应力、内力、应变和位移。

弯曲扭转组合变形实验

车床切削加工

组合变形强度计算步骤:

(1)外力分析。将外载进行分解,把复杂变形分解为基本变形组合,如分解为拉(压)、扭转和弯曲载荷,如图 12.5 所示。

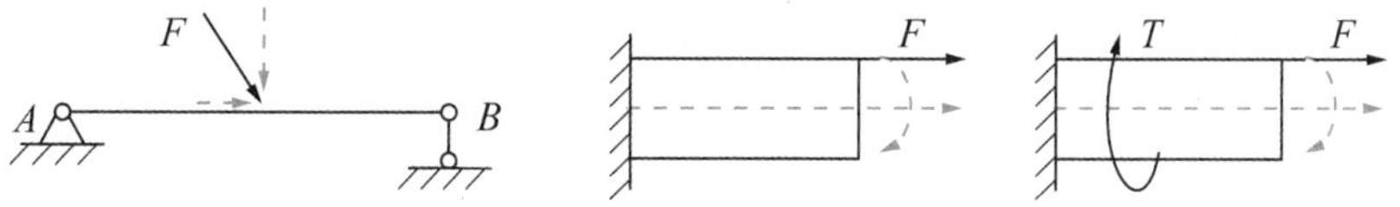

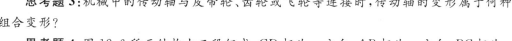

（a）弯-压组合　　　　（b）弯-拉组合　　　　（c）弯-拉-扭组合

图 12.5　组合变形示意图

(2)内力分析。根据杆件所受外力,分别作构件的内力图。由内力图大致可判断构件的变形类型和危险截面位置。

(3)应力分析。对基本变形进行应力分析,将相应点处的应力对应叠加,确定危险点的应力状态。

(4)强度计算。由危险点的应力状态和构件材料,确定选用合适的强度理论,建立相应的强度条件进行强度计算。

思考题 3:机械中的传动轴与皮带轮、齿轮或飞轮等连接时,传动轴的变形属于何种组合变形?

思考题 4:图 12.6 所示结构由三段组成,CD 杆为 x 方向,AB 杆为 y 方向,BC 杆为 z 方向,三杆在 F_1、F_2 共同作用下,分析各杆的变形为何种组合变形。

机械传动

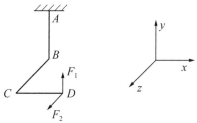

图 12.6

一、弯曲－拉伸(压缩)组合强度计算

若作用在构件上的载荷除轴向力外,还有横向力,则杆将发生拉伸(或压缩)与弯曲的组合变形,如图 12.7(a)所示。在轴向力 F_1 的作用下,横截面上的拉应力为:

$$\sigma_N = \frac{F_N}{A} \tag{a}$$

在 F_2 的作用下,在同一截面上离中性轴距离为 y 的任一点处的弯曲应力为:

$$\sigma_M = \frac{My}{I_z} \qquad (b)$$

如图 12.7(b)所示,根据叠加原理,在此截面上离中性轴的距离为 y 点上的总应力为:

$$\sigma = \sigma_N + \sigma_M = \frac{F_N}{A} + \frac{My}{I_z} \qquad (c)$$

应用上式时,注意将 F_N、M、y 的大小和正负号同时代入。

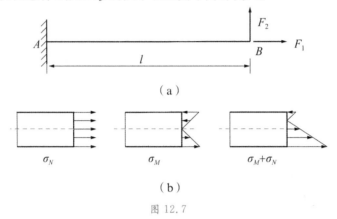

（a）

σ_N σ_M $\sigma_M + \sigma_N$

（b）

图 12.7

二、弯曲－扭转组合强度计算

为对承受弯曲与扭转共同作用下的圆轴进行强度设计,需要弯矩图和扭矩图(剪力一般忽略不计),并据此确定传动轴上可能的危险截面。如图 12.8(a)所示圆截面轴,同时承受载荷 F 与矩为 M 的扭力偶作用。轴的扭矩图与弯矩图分别如图 12.8(b)和 12.8(c)所示,由此可确定横截面 A 为危险截面。在 A 截面上,a 点与 b 点为危险点,同时作用有最大弯曲正应力 σ_M 和最大扭转切应力 τ_T,如图 12.9(a)所示。在 a 点取微体,微体的应力分布如图 12.9(b)所示。

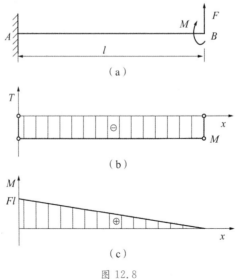

（a）

（b）

（c）

图 12.8

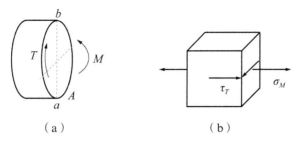

（a）　　　　　　　　　　（b）

图 12.9

若用第三、第四强度理论,则强度条件分别为:

$$\sigma_{r3} = \sqrt{\sigma_M^2 + 4\tau_T^2} \leqslant [\sigma] \tag{12.22}$$

$$\sigma_{r4} = \sqrt{\sigma_M^2 + 3\tau_T^2} \leqslant [\sigma] \tag{12.23}$$

由于 σ_M、τ_T 可分别表示为:

$$\sigma_M = \frac{M}{W} \tag{a}$$

$$\tau_T = \frac{T}{W_p} = \frac{T}{2W} \tag{b}$$

因此,式(12.22)和式(12.23)可改写为:

$$\sigma_{r3} = \frac{\sqrt{M^2 + T^2}}{W} \leqslant [\sigma] \tag{12.24}$$

$$\sigma_{r4} = \frac{\sqrt{M^2 + 0.75T^2}}{W} \leqslant [\sigma] \tag{12.25}$$

三、弯曲－拉伸(压缩)－扭转组合强度计算

工程上有些杆件,同时承受拉(压)、弯曲、扭转三种载荷,则该杆件处于弯拉(压)扭组合变形状态,如图 12.10(a)所示。根据之前弯拉(压)组合、弯扭组合的分析结果,可知弯拉(压)扭组合变形危险截面的内力情况如图 12.10(b)所示,危险截面上 a 点的应力状态如图 12.10(c)所示。

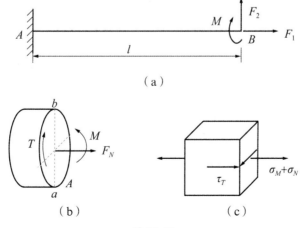

（a）

（b）　　　　　　　　　　（c）

图 12.10

若用第三、第四强度理论，则强度条件分别为：

$$\sigma_{r3} = \sqrt{(\sigma_M + \sigma_N)^2 + 4\tau_T^2} \leqslant [\sigma] \qquad (12.26)$$

$$\sigma_{r4} = \sqrt{(\sigma_M + \sigma_N)^2 + 3\tau_T^2} \leqslant [\sigma] \qquad (12.27)$$

例 12.3

有一三角形托架如图 12.11(a)所示，杆 AB 为一工字钢，已知作用在点 B 处的集中荷载 $P = 10kN$，型钢的许用应力 $[\sigma] = 150MPa$。选择杆 AB 的工字钢型号。

解：

(1)计算杆的内力，并作内力图

杆 AB 的受力图如图 12.11(b)所示。由 $\sum M_A = 0$，$Y_C \times 2.5 - 10 \times 4 = 0$，求得：$Y_C = 16kN$，$X_C = Y_C \tan 30° = 16 \times 1.732 = 27.71kN$。

作出杆 AB 的弯矩图和轴力图分别如图 12.11(c)、12.11(d)所示。

(2)确定危险截面

从内力图上可看出最大弯矩(绝对值)及最大轴力均发生在截面 C 上，分别为：$M_{max} = 15kN \cdot m$，$F_{Nmax} = 27.71kN$

(3)计算最大正应力

根据叠加原理，杆 AB 在截面 C 上的最大拉应力为

$$\sigma_{max} = \frac{F_{Nmax}}{A} + \frac{M_{max}}{W_z} = \frac{27.71 \times 10^3}{A} + \frac{15 \times 10^3}{W_z} \qquad (a)$$

式中的 A 为杆 AB 横截面的面积，W_z 为相应的抗弯截面系数。

(4)选择工字钢的型号

因(a)式中的 A 和 W_z 均为未知，故可采用试算法。首先选用 16 号工字钢，由附录Ⅱ型钢表可查得 $A = 26.1 \times 10^2 mm^2$，$W_z = 141 \times 10^3 mm^3$，代入(a)式得：

$$\sigma = \frac{27.71 \times 10^3}{26.1 \times 10^2 \times 10^{-6}} + \frac{24 \times 10^3}{141 \times 10^3 \times 10^{-9}} = 117MPa < [\sigma]$$

满足强度要求，确定选用 16 号工字钢。

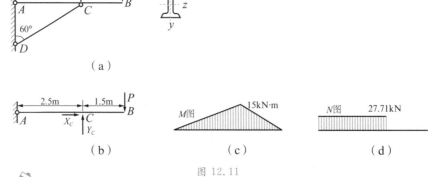

图 12.11

例 12.4

机轴上的 B、C 两个齿轮(如图 12.12(a)所示)，分别受到切线方向的力 $P_1 = 10kN$，

$P_2 = 20$kN 作用，轴承 A 及 D 处均为铰支座，轴的许用应力$[\sigma] = 100$MPa，$a = 200$mm，$l = 400$mm，$d_1 = 400$mm，$d_2 = 200$mm。求轴所需的直径 d。

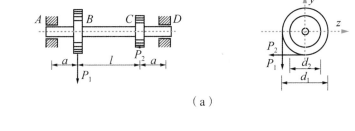

（a）

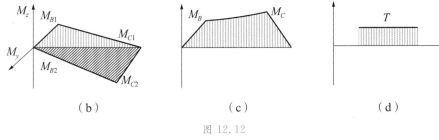

（b）　　　　　　　　（c）　　　　　　　　（d）

图 12.12

解：

（1）外力分析

把 P_1 及 P_2 向机轴轴心简化成为竖向力 P_1、水平力 P_2 及力偶矩。

$$M_e = P_1 \times \frac{d_1}{2} = P_2 \times \frac{d_2}{2} = 20 \times \frac{200 \times 10^{-3}}{2} = 2.0 \text{kN} \cdot \text{m}$$

两个力使轴发生弯曲变形，两个力偶矩使轴在 BC 段内发生扭转变形。

（2）内力分析

BC 段内的扭矩为：

$$T = M_e = 2.0 \text{kN} \cdot \text{m}$$

轴在竖向平面内因 P_1 作用而弯曲，弯矩图如图 12.12（b）所示，引起 B、C 处的弯矩分别为：

$$M_{B1} = \frac{P_1(l+a)a}{l+2a}, M_{C1} = \frac{P_1 a^2}{l+2a}$$

轴在水平面内因 P_2 作用而弯曲，在 B、C 处的弯矩分别为：

$$M_{B2} = \frac{P_2 a^2}{l+2a}, M_{C2} = \frac{P_2(l+a)a}{l+2a}$$

B、C 两个截面上的合成弯矩为：

$$M_B = \sqrt{M_{B1}^2 + M_{B2}^2} = \sqrt{\frac{P_1^2(l+a)^2 a^2}{(l+2a)^2} + \frac{P_2^2 a^4}{(l+2a)^2}} = 1.803 \text{kN} \cdot \text{m}$$

$$M_C = \sqrt{M_{C1}^2 + M_{C2}^2} = \sqrt{\frac{P_1^2 a^4}{(l+2a)^2} + \frac{P_2^2(l+a)^2 a^2}{(l+2a)^2}} = 3.041 \text{kN} \cdot \text{m}$$

轴内每一截面的弯矩都由两个弯矩分量合成，且合成弯矩的作用平面各不相同，但因为圆轴的任一直径都是形心主轴，抗弯截面系数 W 都相同，所以可将各截面的合成弯矩画在同一张图内(如图 12.12(c)所示)。

(3)强度计算

按第四强度理论建立强度条件

$$\sigma_{r4} = \frac{\sqrt{M^2 + 0.75T^2}}{W} \leqslant [\sigma]$$

$$W = \frac{\pi d^3}{32} \geqslant \frac{\sqrt{(3.041 \times 10^3)^2 + 0.75 \times (2.0 \times 10^3)^2}}{100 \times 10^6}$$

解得:$d \geqslant 71\text{mm}$

12.4 薄壁容器强度问题

"蛟龙号"海底探险家

工程中有许多承受内压的容器,比如锅炉、反应釜、液压缸等。设圆筒形薄壁容器的平均直径为 D,壁厚为 δ,通常满足 $\delta \leqslant D/20$ 的容器都可以称为薄壁容器。本节将介绍两种类型的薄壁容器,即圆筒形薄壁容器和球形薄壁容器,分析它们在压力作用下的强度问题。

一、圆筒形薄壁容器

设容器内部压强为 p,如图 12.13(a)所示。当不考虑圆桶自重和圆筒内所装流体的重量时,筒体在内压力作用下只产生轴向伸长和周向胀大的变形,因此在筒壁的纵横两截面上只有正应力而无切应力。

采用截面法用横截面将圆筒截开,取筒的左半边部分连同所装流体一起为隔离体,如图 12.13(b)所示,由于筒壁很薄,可认为筒壁中的应力沿壁厚是均匀分布的。容易得到流体作用于隔离体的压力的合力为:

$$F = p \cdot \frac{\pi D^2}{4} \tag{12.28}$$

根据 x 方向平衡方程:

$$\sum X = 0, \quad \sigma_x \pi D \delta - p \cdot \frac{\pi D^2}{4} = 0 \tag{12.29}$$

可得:

$$\sigma_x = \frac{pD}{4\delta} \tag{12.30}$$

(a)

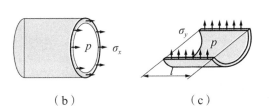

（b）   （c）

图 12.13 薄壁圆筒示意图

再用两个横截面在离端盖较远处截取长为 l 的圆筒,并以纵向对称面将其截为两半,取其下半部分连同所装液体一起为分离体,如图 12.13(c)所示,同样认为应力沿壁厚是均匀分布的。流体作用于分离体压力的合力为:

$$F' = plD \tag{12.31}$$

根据 y 方向的平衡方程:

$$\sum Y = 0, \quad 2\sigma_y l\delta - plD = 0 \tag{12.32}$$

可得:

$$\sigma_y = \frac{pD}{2\delta} \tag{12.33}$$

圆筒壁上任一点 A 的应力状态如图 12.13(a)所示,要说明的是,圆筒内表面虽然直接受内压 p 的作用,但 p 远小于 σ_x 和 σ_y,于是由内压 p 引起的径向应力可以忽略不计。圆筒外表面为自由表面,因此圆筒上任一点处的应力状态可近似地看作为二向应力状态,主应力分别为:$\sigma_1 = \sigma_y = \frac{pD}{2\delta}$,$\sigma_2 = \sigma_x = \frac{pD}{4\delta}$,$\sigma_3 = 0$。

根据第三强度理论和第四强度理论,薄壁圆筒的强度条件分别为:

$$\frac{pD}{2\delta} \leqslant [\sigma] \tag{12.34}$$

$$\frac{\sqrt{3}\,pD}{4\delta} \leqslant [\sigma] \tag{12.35}$$

二、圆球形薄壁容器

设圆球形薄壁容器的平均直径为 D,壁厚为 δ,所受内压为 p。如图 12.14(a)所示。

由于圆球的对称性,可取半个圆球连同所装的流体一起为分离体,如图 12.14(b)所示。

根据 z 方向的平衡方程:

$$\sum Z = 0, \quad \sigma\pi D\delta - p \cdot \frac{\pi D^2}{4} = 0 \tag{12.36}$$

可得:

$$\sigma = \frac{pD}{4\delta} \tag{12.37}$$

如果略去径向应力,则球壁上任一点 A 处的应力状态如图 12.14(a)所示,为一等值二向应力状态。因此,根据第三强度理论和第四强度理论,球形薄壁容器的强度条件均为:

$$\frac{pD}{4\delta} \leqslant [\sigma] \qquad\qquad (12.38)$$

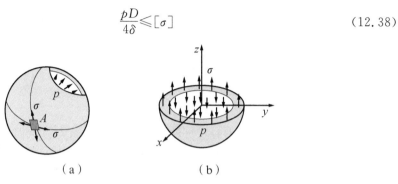

（a）　　　　　　　　（b）

图 12.14　球形薄壁容器示意图

例 12.5

一圆筒形容器的平均直径 $D = 200\text{mm}$，工作压力 p 为 150 个大气压，许用应力 $[\sigma] = 250\text{MPa}$。根据第三强度理论求其壁厚 δ。

解：

1 个大气压 $\approx 0.1\text{MPa}$，根据第三强度理论强度条件，$\dfrac{pD}{2\delta} \leqslant [\sigma]$，可得：

$$\delta \geqslant \frac{pD}{2[\sigma]} = \frac{150 \times 0.1 \times 200}{2 \times 250} = 6\text{mm}$$

例 12.6

一球形压力容器外径 $D = 1.5\text{m}$，工作压力 $p = 2\text{MPa}$，许用应力 $[\sigma]_{容器} = 150\text{MPa}$，用 $d = 30\text{mm}$ 的螺栓紧固，螺栓的许用应力 $[\sigma]_{螺栓} = 200\text{MPa}$，如图 12.15 所示。设计其壁厚 δ 并确定至少需要的螺栓数。

解：

（1）截面设计

根据强度条件 $\dfrac{p(D-\delta)}{4\delta} \leqslant [\sigma]_{容器}$，壁厚远小于外径，因此可得：

$$\delta \geqslant \frac{pD}{4[\sigma]_{容器}} = \frac{2 \times 1500}{4 \times 150} = 5\text{mm}$$

（2）研究下半球，受力如图 12.15 所示，

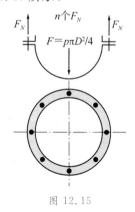

图 12.15

根据平衡方程,有:

$$F_N = \frac{F}{n} = \frac{p\pi D^2}{4n}$$

螺栓的强度条件:

$$\sigma = \frac{F_N}{\pi d^2/4} = \frac{p\pi D^2}{4n} = \frac{pD^2}{nd^2} \leqslant [\sigma]_{螺栓}$$

解得:

$$n \geqslant \frac{pD^2}{d^2[\sigma]_{螺栓}} = \frac{2 \times 1500^2}{30^2 \times 200} = 25$$

习　题

12.1　如图所示,某构件由脆性材料制成,许用应力 $[\sigma] = 120\text{MPa}$。构件上危险点受拉应力和压应力共同作用,且 $\sigma_x = 2\sigma_y$。确定压应力 σ_y 的最大值。

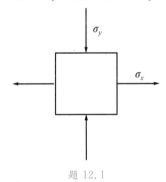

题 12.1

12.2　铸铁构件中某点危险状态时的应力状态如图所示,已知铸铁泊松比 $\mu = 0.3$,拉伸强度极限 $\sigma_b = 120\text{MPa}$。分别用最大拉应力和最大拉应变理论确定该构件的安全因素。

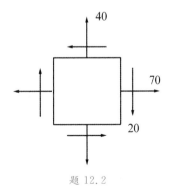

题 12.2

12.3 某钢制构件危险点的应力状态如图所示,已知钢的屈服极限 $\sigma_s = 300\text{MPa}$。分别用最大切应力理论和最大畸变能密度理论确定此构件的安全因素。

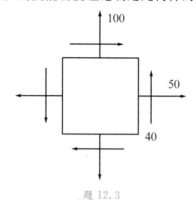

题 12.3

12.4 构件危险点处于平面应力状态,应力为 $\sigma_x = 260\text{MPa}$,$\sigma_y = -150\text{MPa}$,$\tau_x = 100\text{MPa}$。要使安全因素不小于 2.5,按最大切应力理论计算所选材料的最小屈服强度。

12.5 如图所示,钢制实心圆轴和空心圆轴通过法兰盘连接。实心轴段的直径 $D = 50\text{mm}$,空心部分外径 $D_o = 80\text{mm}$,内径 $D_i = 60\text{mm}$,材料的许用应力 $[\sigma] = 150\text{MPa}$,忽略法兰连接的强度问题。根据最大畸变能密度理论确定此轴可传递的最大扭矩。

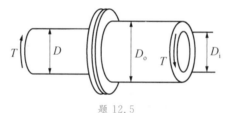

题 12.5

12.6 下图为塑性材料构件危险点的四种应力状态,请画出每种应力状态对应的应力圆,并采用最大切应力理论分析哪种应力状态下最先失效。

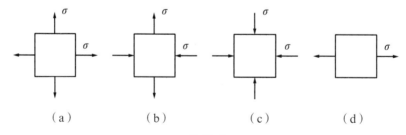

题 12.6

12.7 如图所示起重能力为 $P = 100\text{kN}$ 的起重机,安装在混凝土基础上。起重机支架的轴线通过基础的中心。已知起重机的自重为 $W = 200\text{kN}$(荷载 P 及平衡锤 Q 的重量不包括在内),其作用线通过基础底面的轴 Oz,且有偏心距 $e = 0.6\text{m}$。若矩形基础的短边长为 3m,问:(1)其长边的尺寸 a 应为多少才能使基础上不产生拉应力?(2)在所选的 a 值之下,基础底面上的最大压应力等于多少?(已知混凝土的密度 $\rho=$

$2.243\times10^3\,\mathrm{kg/m^3}$,重力加速度为 $g=9.81\mathrm{N/kg}$)

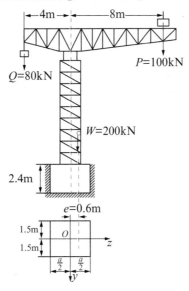

题 12.7

12.8　如图所示的标语牌重 $P=150\mathrm{N}$,风载 $F=120\mathrm{N}$,安装标语牌的空心钢柱 AB 外径 $D=50\mathrm{mm}$,内径 $d=45\mathrm{mm}$,$a=0.2\mathrm{m}$,风载 F 到地面 B 处的距离 $l=2.5\mathrm{m}$,$[\sigma]=80\mathrm{MPa}$。按第三强度理论校核强度。

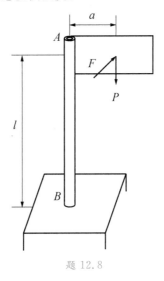

题 12.8

第 13 章

压杆稳定

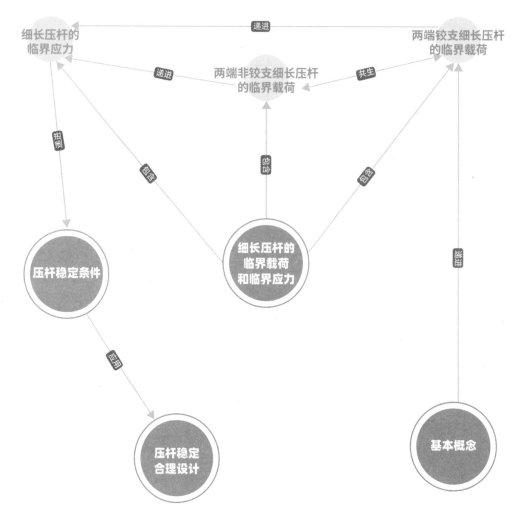

压杆稳定

本章首先介绍压杆稳定、临界载荷和临界应力等基本概念,再求解细长杆的临界载荷和临界应力,然后介绍压杆的稳定性条件,最后讲述压杆稳定性的合理设计方法。

袁隆平的禾下乘凉梦

课前小问题:

　　1.袁隆平先生生前有一个"禾下乘凉梦"。要想实现这个伟大的梦想,从工程力学角度如何助力?

　　2.观看《挑战不可能》,请问箱子倒不倒取决于哪些因素?

　　3.工程上脚手架坍塌的事故并不少见,试从工程力学角度分析脚手架倒塌的主要原因。

　　4.如何用压杆失稳解释纽约双子塔的倒塌。

《挑战不可能》

脚手架坍塌

纽约双子楼坍塌

13.1　基本概念

　　如绪论所述,构件失效形式除了强度失效、刚度失效外,还有稳定性失效。轴向受压细长杆,当所受压力达到一定数值时,杆件将突然变弯,即产生失稳现象,这就是压杆稳定。

　　杆件失稳往往产生显著弯曲变形,甚至导致系统局部或整体破坏。在第 5 章曾提到,1907 年 8 月 29 日下午,即将建成的加拿大魁北克大桥突然坍塌,如图 13.1 所示。事故当场造成了至少 75 人死亡,多人受伤。这是一起忽略压杆失稳造成的桥梁坍塌事故。魁北克大桥坍塌事件促使工程师对压杆的稳定性进行研究。

图 13.1　加拿大魁北克大桥坍塌

思考题 1:杆在轴向压缩载荷作用下的屈曲与在横向载荷作用下的弯曲有什么区别?

　　解决压杆稳定问题的关键是确定压杆所能承受的最大载荷。为此,建立如图 13.2 所示的力学模型。刚性杆 AB 在 A 端铰支,B 端用弹性系数为 k 的弹簧连接。在载荷 F 的作用下,系统保持平衡。在小扰动下,AB 杆向左发生位移为 δ 的偏移,由此弹簧产生向右

压杆稳定试验

的回复力 $k\delta$。在 F 的作用下产生偏转力矩 $F\delta$，在 $k\delta$ 的作用下产生回复力矩 $k\delta l$。当 $F\delta < k\delta l$，即 $F < kl$ 时，若扰动消失，AB 杆会回复到初始平衡状态。当 $F\delta > k\delta l$，即 $F > kl$ 时，扰动消失，AB 杆也无法回复到初始平衡状态。当 $F\delta = k\delta l$，即 $F = kl$ 时，AB 杆处于临界平衡状态，即既可以在竖直位置保持平衡，也可以在微偏状态下保持平衡。

两端铰支的细长压杆情况与此类似。若给压杆一个侧向干扰使其稍微弯曲，如图 13.3(a) 所示。去掉干扰后，会出现两种不同的情况：当轴向压力较小时，压杆最终将恢复其原有直线形状，如图 13.3(b) 所示；当轴向压力较大时，压杆还会继续弯曲，产生显著的变形，如图 13.3(c) 所示，甚至破坏。

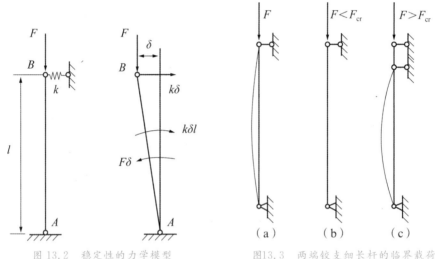

图13.2　稳定性的力学模型　　　　图13.3　两端铰支细长杆的临界载荷

这种细长杆失稳破坏，就其性质而言，与强度问题、刚度问题完全不同，**导致杆件稳定破坏的压力比导致强度不足破坏的压力要小得多**。同时，失稳破坏是突然性的，必须防范在先。

使压杆由稳定转变为不稳定的轴向压力值，称为压杆的临界载荷，用 F_{cr} 表示。

思考题 2：受拉直杆是否有稳定问题？

13.2　细长压杆的临界载荷与临界应力

只有当轴向压力等于临界载荷时，压杆才可能在微弯的状态下保持平衡。因此，压杆的临界载荷就是使压杆在微弯状态下保持平衡的最小轴向压力。本节以两端铰支的中心受压直杆为例，推导临界载荷和临界应力，并给出不同约束条件下临界载荷和临界应力的统一表述。

一、两端铰支细长压杆的临界载荷

静力法求解两端铰支细长压杆的临界载荷的步骤是：先使压杆微弯，如图 13.4 所示，再求能保持其平衡的最小轴向压力。

当杆件最大应力不超过材料的比例极限 σ_p 时,根据弯曲变形的小挠度近似微分方程,压杆挠曲轴方程满足以下关系式:

$$\frac{\mathrm{d}^2 w}{\mathrm{d}x^2} = \frac{M(x)}{EI} \tag{13.1}$$

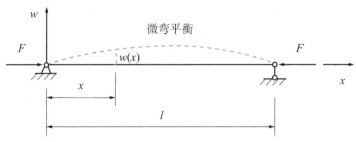

图 13.4　两端铰支细长压杆的临界载荷

根据平衡方程,距离坐标系原点为 x 处截面的弯矩为:

$$M(x) = -Fw \tag{13.2}$$

因此,压杆的挠曲轴近似微分方程为:

$$\frac{\mathrm{d}^2 w}{\mathrm{d}x^2} + \frac{F}{EI} w = 0 \tag{13.3}$$

该二阶常微分方程的通解为:

$$w = A\sin\sqrt{\frac{F}{EI}}x + B\cos\sqrt{\frac{F}{EI}}x \tag{13.4}$$

式中,A、B 两个待定系数可用挠曲线微分方程的边界条件确定。

两端铰支的位移边界条件为:

$$\begin{cases} x=0, & w=0 \\ x=l, & w=0 \end{cases} \tag{13.5}$$

将(13.5)式代入(13.4)式,可得:

$$\begin{cases} B=0 \\ A\sin\sqrt{\frac{F}{EI}}l=0 \end{cases} \tag{13.6}$$

若 $A=0$,则 $w=0$,即各截面的挠度均为零,这与压杆微弯的初始状态不符。因此,满足(13.6)式的条件只有:

$$\sin\sqrt{\frac{F}{EI}}l=0 \tag{13.7}$$

则有:

$$\sqrt{\frac{F}{EI}}l=n\pi, \quad (n=1,2,\cdots) \tag{13.8}$$

$$F=\frac{n^2\pi^2 EI}{l^2} \tag{13.9}$$

工程中需要求的是压力 F 的最小值,因此取 $n=1$,得临界载荷为:

$$F_{cr} = \frac{\pi^2 EI}{l^2} \qquad\qquad (13.10)$$

式(13.10)即为两端铰支压杆临界载荷的计算公式,又称为欧拉公式。式(13.10)表明,压杆稳定的临界压力与抗弯刚度 EI 成正比,杆的抗弯刚度越小,临界压力越小,压杆越容易发生失稳;同时临界应力与杆长度的平方成反比,长度越大,临界压力越小,压杆越易失稳。所以,当细长杆的长度较长、抗弯刚度较小时,稳定问题不可忽视。

需要注意的是,压杆失稳时总是绕抗弯刚度最小的方向发生显著弯曲变形。如两端为球形铰链支承的圆形等截面压杆,压杆在轴向任意平面内的惯性矩 I 都相等,因此压杆可以在轴向任意平面内发生失稳。若两端为球形铰支的矩形等截面压杆,I_y 与 I_z 并不相等,压杆将会在惯性矩较小的平面内发生失稳,即矩形截面压杆需要考虑失稳的方向性。

二、两端非铰支细长压杆的临界载荷

前面推导出了两端铰支细长压杆临界载荷的计算公式。当压杆的约束情况发生改变时,挠度近似微分方程和挠曲线的边界条件也发生改变。因此,对于其他支承形式的压杆,比如一端铰支一端固支、两端固支以及一端固支一端自由等,不同支承对杆件的变形所起作用大小不同。由于压杆的临界压力与其挠曲线形状是有联系的,对于后三种约束情况的压杆,如果将其挠曲线形状与两端铰支压杆的挠曲线形状进行几何类比,即可确定相应的临界载荷计算公式。

如图 13.5 所示,悬臂梁和简支梁的 EI 相同,长度为 l 的悬臂梁受临界载荷作用发生微弯,弯曲程度等于长度为 $2l$ 的铰支梁的弯曲程度,可得悬臂梁压杆的临界载荷为:

$$F_{cr} = \frac{\pi^2 EI}{(2l)^2} = \frac{\pi^2 EI}{4l^2} \qquad\qquad (13.11)$$

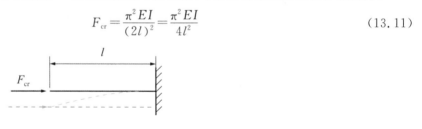

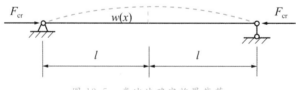

图 13.5　类比法确定临界载荷

各种支承方式下细长压杆的临界压力可以统一写成欧拉公式的普遍形式:

$$F_{cr} = \frac{\pi^2 EI}{(\mu l)^2} \qquad\qquad (13.12)$$

式中,μl 称为相当长度,表示压杆相当于两端铰支细长压杆的长度;μ 称为长度因数,代表支承方式对临界载荷的影响。四种常见支承方式下细长压杆的临界载荷如表 13.1 所示。需要指出的是,欧拉公式的推导中应用了小挠度近似微分方程,因此公式(13.12)只适用于比例极限范围内的压杆稳定问题。另外,上述四种细长压杆临界载荷的 μ 值都是对理想约束而言的,工程实际中受压杆件两端的支承情况往往较为复杂,需要根据具体情况分析支承对于杆件的约束特性,选择适当的理想化支承模型。对于工程中常用的支承情况,长度系数 μ 可从有关设计手册或规范中查到。

表 13.1　四种常见支承方式下细长压杆的临界载荷

图示	支承方式	长度因数	临界载荷
	两端铰支	$\mu=1$	$F_{cr}=\dfrac{\pi^2 EI}{l^2}$
	一端自由 一端固定	$\mu=2$	$F_{cr}=\dfrac{\pi^2 EI}{(2l)^2}$
	两端固定	$\mu=0.5$	$F_{cr}=\dfrac{\pi^2 EI}{(0.5l)^2}$
	一端铰支 一端固定	$\mu=0.7$	$F_{cr}=\dfrac{\pi^2 EI}{(0.7l)^2}$

三、细长压杆的临界应力

如前所述,欧拉公式只有在线弹性范围内才适用。为了判断压杆失稳时是否处于线弹性范围内,以及超出线弹性范围后临界载荷的计算问题,引入临界应力及柔度的概念。压杆在临界载荷作用下,其在直线平衡位置时横截面上的应力称为临界应力,用 σ_{cr} 表示。压杆在线弹性范围内失稳时,临界应力可以写成如下形式:

$$\sigma_{cr}=\frac{F_{cr}}{A}=\frac{\pi^2 EI}{(\mu l)^2 A}=\frac{\pi^2 E}{(\mu l)^2}\frac{I}{A} \tag{13.13}$$

令截面的惯性半径 i 为:

$$i=\sqrt{I/A} \tag{13.14}$$

则临界应力为:

$$\sigma_{cr}=\frac{\pi^2 E}{\left(\dfrac{\mu l}{i}\right)^2} \tag{13.15}$$

定义柔度或长细比 λ 为:

$$\lambda=\frac{\mu l}{i} \tag{13.16}$$

柔度或长细比 λ 与相当长度成正比,与截面的惯性矩半径成反比。因此,柔度反映了杆长、支承方式与截面几何性质对临界应力的影响。临界应力的欧拉公式可以进一步表示为:

$$\sigma_{cr} = \frac{\pi^2 E}{\lambda^2} \qquad (13.17)$$

欧拉公式是有适用范围的,即当临界应力小于或等于材料比例极限时,即:

$$\sigma_{cr} = \frac{\pi^2 E}{\lambda^2} \leqslant \sigma_p \qquad (13.18)$$

根据式(13.18)定义临界柔度 λ_p:

$$\lambda_p = \pi \sqrt{\frac{E}{\sigma_p}} \qquad (13.19)$$

临界柔度取决于材料性能,即材料的弹性模量越大、比例极限越小,临界柔度系数就越大。

思考题 3:将圆截面压杆的直径和长度都加大一倍,对杆的柔度、临界应力、临界载荷有无影响?

根据柔度所处的范围,可把压杆分为三类。把满足 $\lambda \geqslant \lambda_p$ 的压杆称为大柔度杆或细长杆。第二类是中柔度杆。这类压杆失稳时,横截面上的应力已经超过比例极限,一般采用经验公式计算其临界应力,比如直线公式:

$$\sigma_{cr} = a - b\lambda \qquad (\lambda_s \leqslant \lambda < \lambda_p) \qquad (13.20)$$

式中,a、b 值与材料有关,适用于合金钢、铝合金、铸铁与松木等。使用直线公式时,柔度 λ 存在最小值 λ_s,其值与材料的压缩极限应力有关(对于塑性材料而言,压缩极限应力为材料的屈服极限 σ_s),因为当压杆应力达到压缩极限应力时,压杆已因强度不足而失效了。常用材料的 a、b 值如表 13.2 所示。

表 13.2　常用材料的 a、b 值

材料	a/MPa	b/MPa
硅钢($\sigma_s = 353$MPa,$\sigma_b = 510$MPa)	578	3.74
铬钼钢	980	5.29
铸铁	332	1.45
硬铝	372	2.15
松木	39.2	0.199

以塑性材料为例,当临界应力取屈服极限时($\sigma_{cr} = \sigma_s$),根据式(13.20),可求得中柔度杆的临界柔度系数:

$$\lambda_s = \frac{a - \sigma_s}{b} \qquad (13.21)$$

中柔度杆的临界柔度系数取决于材料的屈服极限 σ_s,当材料的屈服极限越大,临界柔度系数就越小。中柔度杆的柔度范围为:$\lambda_s \leqslant \lambda < \lambda_p$。

第三类杆为粗短杆,又称小柔度杆,即 $\lambda < \lambda_s$ 的压杆,应按压缩强度问题处理。因此,临界应力为屈服极限(对塑性材料而言),即:

$$\sigma_{cr} = \sigma_s \tag{13.22}$$

　　将上述三种情况归到一起,得临界应力(或极限应力)随柔度变化的曲线,称为临界应力总图,如图 13.6 所示。

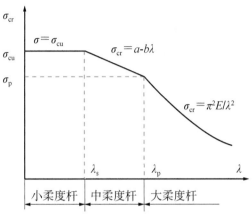

图 13.6　直线型经验公式及临界应力总图

　　除了直线型经验公式外,还可以用抛物线型经验公式:

$$\sigma_{cr} = a_1 - b_1 \lambda^2 \quad (0 < \lambda < \lambda_p) \tag{13.23}$$

式中,a_1、b_1 值与材料有关,适用于结构钢与低合金结构钢等材料。根据欧拉公式和抛物线型经验公式,得临界应力总图如图 13.7 所示。

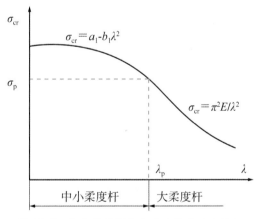

图 13.7　抛物线型经验公式及临界应力总图

　　需要指出的是,对于中柔度杆和小柔度杆,不同的工程设计中,可能采用不同的经验公式计算临界应力,可查阅相关的设计规范进行选用。

13.3　压杆稳定条件

为了使压杆能正常工作而不失稳,压杆所承受的轴向压力必须小于临界载荷,或压杆的压应力必须小于临界应力。同时,对于工程上的压杆,必须有一定的安全储备,即要有稳定安全裕度。压杆的稳定计算有两种常用的方法,即安全系数法和折减系数法。

引入稳定安全因素,则压杆稳定条件可以表示为:

$$F \leqslant \frac{F_{cr}}{n_{st}} = [F_{st}] \tag{13.24}$$

式中,n_{st} 为稳定安全因素,$[F_{st}]$ 为稳定许用载荷。

用应力表示:

$$\sigma \leqslant \frac{\sigma_{cr}}{n_{st}} = [\sigma_{st}] \tag{13.25}$$

式中,$[\sigma_{st}]$ 为稳定许用应力。

用该方法进行压杆稳定计算时,必须计算压杆的临界载荷 F_{cr} 或临界应力 σ_{cr},而为了计算 F_{cr} 或 σ_{cr},首先应计算压杆的柔度,再按不同的柔度范围选用合适的公式计算。稳定安全因素的选取,除了要考虑在选取强度安全因素时的那些因素外,还要考虑影响压杆失稳所特有的不利因素,如压杆不可避免地存在初始曲率、材料不均、载荷偏心等。这些因素对稳定的影响比强度的影响大。因此通常情况下稳定安全因素的数值要比强度安全因素的数值大。而且,当压杆的柔度越大,这些因素的影响越大,稳定安全因素取值也更大。具体取值可以从有关设计手册中查询。

工程中,稳定许用应力 $[\sigma_{st}]$ 一般都会小于强度许用应力 $[\sigma]$,通常用一个系数 φ 来表示两者之间的关系:

$$[\sigma_{st}] = \varphi [\sigma] \tag{13.26}$$

则稳定条件又可以写成:

$$\sigma \leqslant \varphi [\sigma] \tag{13.27}$$

式中,φ 称为稳定系数或折减系数,是小于1的系数。稳定系数 φ 同时也是柔度 λ 的函数,常见材料的 φ-λ 曲线如图 13.8 所示。采用稳定系数法进行稳定计算时,首先要算出压杆的柔度,再按其材料确定 φ 值,最后按照(13.27)式进行计算。

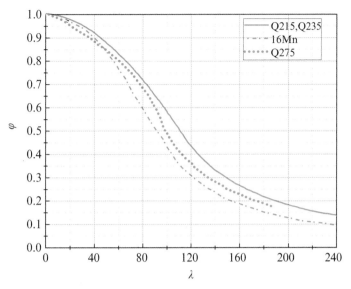

图 13.8　常见材料的曲线

需要指出，在压杆计算中，有时会遇到压杆局部有截面被削弱的情况，如杆上有开孔、切槽等。由于压杆的临界载荷是从研究整个压杆的弯曲变形来决定的，局部截面的削弱对整体变形影响较小，故稳定计算中仍用原有的截面几何量。但强度计算是根据危险点的应力进行的，故必须对削弱了的截面进行强度校核。

例 13.1

如图 13.9 所示活塞杆 BC 由铬钼钢制成，$\sigma_p = 588\text{MPa}$，$\sigma_s = 780\text{MPa}$，$E = 210\text{GPa}$，直径 $d = 40\text{mm}$，最大外伸长度 $l = 1.2\text{m}$，许用稳定安全系数 $n_{st} = 5$。确定其最大许用压力。

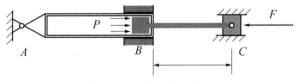

图 13.9　活塞压杆示意图

解：

(1)由材料性能确定 λ_s 和 λ_p

通过查表，有 $a = 980\text{MPa}$，$b = 5.29\text{MPa}$。故有：

$$\lambda_p = \pi \sqrt{\frac{E}{\sigma_p}} = \pi \sqrt{\frac{210}{0.588}} = 59.3$$

$$\lambda_s = \frac{a - \sigma_s}{b} = \frac{980 - 780}{5.29} = 37.8$$

(2)计算杆的柔度

活塞杆可简化为 B 端固定、C 端铰支的压杆，即 $\mu = 0.7$

圆截面惯性半径为：$i = \dfrac{d}{4} = \dfrac{40}{4} = 10\text{mm}$

活塞杆的柔度为：$\lambda=\dfrac{\mu l}{i}=\dfrac{0.7\times1.2}{0.01}=84.0$

（3）判断杆的类型，计算临界载荷

由于压杆的柔度 $\lambda=84.0>\lambda_p$，可知该压杆为大柔度杆。根据欧拉公式，得：

$$\sigma_{cr}=\frac{\pi^2 E}{\lambda^2}=\frac{210\times10^3\times\pi^2}{84.0^2}=293.4\text{MPa}$$

$$F_{cr}=A\sigma_{cr}=\frac{\pi d^2\sigma_{cr}}{4}=\frac{\pi\times40^2\times293.4}{4}=368.5\text{kN}$$

（4）确定最大许用载荷

根据稳定条件 $[F]\leqslant\dfrac{F_{cr}}{n_{st}}$，得最大许用压力 $[F]=\dfrac{368.5}{5}=73.7\text{kN}$。

例 13.2

Q235 钢制成的矩形连杆，受力如图 13.10 所示。已知 $l=2\text{m}$，$b=40\text{mm}$，$h=60\text{mm}$，材料的弹性模量 $E=205\text{GPa}$，$\sigma_p=200\text{MPa}$，$\sigma_s=235\text{MPa}$，承受轴向压力 $F=105\text{kN}$，$n_{st}=3$。校核连杆的稳定性。

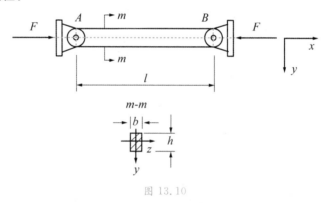

图 13.10

解：

根据图 13.10 中连杆端部约束情况，在 xy 纵向平面内为两端铰支，在 xz 平面内可视为两端固定约束，由于压杆为矩形截面，所以 $I_y\neq I_z$。

首先分别算出杆件在两个平面内的柔度，以判断此杆将在哪个平面内失稳，然后再根据柔度值选用相应的公式来计算临界力。

（1）计算 λ

在 xy 纵向平面内，$\mu=1$，z 轴为中性轴

$$i_z=\sqrt{\frac{I_z}{A}}=\frac{h}{2\sqrt{3}}=\frac{60}{2\sqrt{3}}=17.32$$

$$\lambda_z=\frac{\mu l}{i_z}=\frac{1\times2000}{17.32}=115.5$$

在 xz 纵向平面内，$\mu=0.5$，y 轴为中性轴

$$i_y=\sqrt{\frac{I_y}{A}}=\frac{b}{2\sqrt{3}}=\frac{40}{2\sqrt{3}}=11.55$$

$$\lambda_y = \frac{\mu l}{i_y} = \frac{0.5 \times 2000}{11.55} = 86.6$$

$\lambda_z > \lambda_y, \lambda_{max} = \lambda_z = 115.5$，连杆若失稳，将发生在 xy 平面内。

（2）计算临界力，校核稳定性

$$\lambda_p = \pi \sqrt{\frac{E}{\sigma_p}} = \pi \sqrt{\frac{205}{0.2}} = 100.5$$

$\lambda_{max} > \lambda_p$，该连杆属细长杆，用欧拉公式计算其临界力。

$$F_{cr} = \frac{\pi^2 E}{\lambda_{max}^2} A = \frac{\pi^2 \times 205 \times 10^9}{115.5^2} \times 40 \times 60 \times 10^{-6} = 363.6 \text{kN}$$

$$n_{st} = \frac{F_{cr}}{F} = \frac{363.6}{105} = 3.46 > [n_{st}]$$

因此，该连杆稳定。

13.4　压杆稳定合理设计

提高压杆稳定性的关键在于提高压杆的临界载荷或临界应力。根据压杆的稳定性条件可知，影响压杆稳定性的因素包括压杆的材料性质、长度、截面形状和约束条件等。因此，可以基于这些因素提出压杆稳定性的合理设计方法，如合理选用材料、合理选择截面、合理安排杆的长度和约束等。

1. 合理选用材料

对于大柔度压杆，临界应力与材料的弹性模量 E 成正比，E 较高的材料，其临界应力 σ_{cr} 也高，所以选择弹性模量较高的材料，可以提高细长压杆的稳定性。要注意的是各种钢材（或各种铝合金）的 E 基本相同。因此在同一类型材料中更换对稳定性影响不大。

对于中柔度压杆，由图 13.6 的临界应力图可以看出，材料的屈服极限和比例极限越高，临界应力就越大。即强度较高的材料，σ_{cr} 也较大，所以选用高强度材料作为中柔度压杆有利于提高稳定性。

对于小柔度压杆，通常按强度要求选择材料。

2. 合理选择截面

对于一定长度和支承方式的压杆，在横截面面积保持一定的情况下选择惯性矩较大的横截面形状，可以提高稳定性。可以制作成空心结构，如竹子、稻秆等长成空心结构，有利于提高其稳定性。也可以尽可能把材料放在离截面形心较远处，如工字钢等。

13.2 节已经阐述过，对于不同方向具有不同惯性矩的压杆来说，其失稳具有方向性，比如矩形杆在压缩时，既可能沿 y 方向失稳，也可能沿 z 方向失稳，此时需要计算不同方向的 λ：

$$\begin{cases} \lambda_y = (\mu l)_y \sqrt{\dfrac{A}{I_y}} \\ \lambda_z = (\mu l)_z \sqrt{\dfrac{A}{I_z}} \end{cases} \tag{13.28}$$

失稳先发生在 λ 较大的方向，设计时最好使 $\lambda_y = \lambda_z$，提高经济性。

3. 合理安排压杆杆长与约束

对于大柔度压杆，l 越小，λ 就越小，则 F_{cr} 就越高。如图 13.11 所示，(a)图和(b)图中压杆的临界载荷分别为：

$$\begin{cases} F_{cr1} = \dfrac{\pi^2 EI}{l^2} \\ F_{cr2} = \dfrac{4\pi^2 EI}{l^2} = 4F_{cr1} \end{cases} \tag{13.29}$$

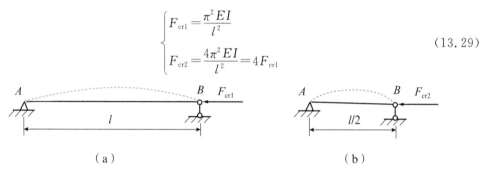

图 13.11 合理安排压杆约束与杆长

竹子中间有竹节，相当于缩短了压杆局部长度 l，因此能起到提高局部稳定性的作用。

水稻生长时有一个重要性能指标叫抗倒伏。抗倒伏指的是直立生长的农作物在生长过程中，遇到风、雨、涝等恶劣环境时能够保持直立生长的能力。农作物发生成片歪斜，甚至全株匍匐在地，产量和质量会大幅降低，还给收割带来困难。要想实现袁隆平先生的"禾下乘凉梦"，提高水稻的抗倒伏性能也是关键要素之一。可以培育茎秆强壮（E 较大）和节间较短（l 较小）的品种，必要时可使用植物生长调节剂，以调控节间长度与株高等，提高水稻抗倒伏性能。

脚手架倒塌主要原因在于中间连接点的损坏，导致压杆长度变长而失稳。从欧拉公式的普遍形式也容易看出：

$$F_{cr} \propto \dfrac{1}{(\mu l)^2} \tag{13.30}$$

长度因数 μ 越小，临界载荷就越大。一端铰支另一端固定压杆的临界载荷比两端铰支的大一倍。因此，可以选取合适的约束，提高压杆的稳定性。

最后还需指出，对于压杆，除了可以采取上述几方面的措施以提高其承载能力外，在可能的条件下，还可以从结构方面采取相应的措施，将结构中的压杆转换成拉杆，从而可以从根本上避免失稳问题。

习　题

13.1　如图所示，AB 为刚性梁，低碳钢支撑杆 CD 直径 $d=50\mathrm{mm}$，长度 $a=1.5\mathrm{m}$，弹性模量 $E=200\mathrm{GPa}$，比例极限 $\sigma_\mathrm{p}=200\mathrm{MPa}$。计算失稳时的载荷 F。

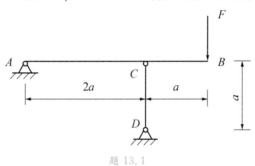

题 13.1

13.2　两端球形铰支的细长杆，截面面积 $A=1500\mathrm{mm}^2$，长度 $l=1.5\mathrm{m}$，弹性模量 $E=200\mathrm{GPa}$，比例极限 $\sigma_\mathrm{p}=200\mathrm{MPa}$。计算下述不同截面情况下的临界载荷，并进行比较：(1)直径为 d 的圆形截面；(2)边长为 a 的方形截面；(3)$b/h=3/5$ 的矩形截面。

13.3　如图所示矩形截面木杆，两端约束相同，$b=0.2\mathrm{m}$，$h=0.3\mathrm{m}$，$l=10\mathrm{m}$。已知载荷 $F=120\mathrm{kN}$，弹性模量 $E=10\mathrm{GPa}$，比例极限 $\sigma_\mathrm{p}=20\mathrm{MPa}$，取 $n_\mathrm{st}=3.5$。校核杆的稳定性。

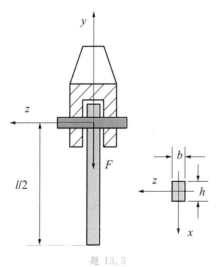

题 13.3

13.4 图示压杆，横截面为 $b \times h$ 的矩形。从稳定性方面考虑，确定 h/b 的最佳值。当压杆在 xz 平面内失稳时，可取 $\mu_y = 0.5$。

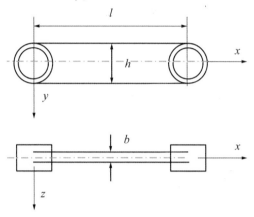

题 13.4

13.5 图示简易起重机的起重臂优质碳钢钢管制成，弹性模量 $E = 200\text{GPa}$，比例极限 $\sigma_p = 200\text{MPa}$，长 $l = 3\text{m}$，截面外径 $D = 100\text{mm}$，内径 $d = 80\text{mm}$，规定的稳定安全因素为 $n_{\text{st}} = 4$。确定允许起吊的最大载荷 W。（提示：起重臂支撑可简化为 O 端固定，A 端自由。）

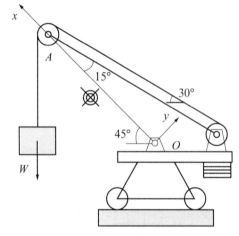

题 13.5

13.6 长 $l = 6\text{m}$ 的 20a 号工字型低碳钢直杆，在温度为 $T_1 = 30℃$ 时两端固定安装，此时杆不受力。若已知材料的线膨胀系数为 $5 \times 10^{-6}/℃$，$E = 200\text{GPa}$，$\sigma_p = 200\text{MPa}$。求温度升至 $T_2 = 80℃$ 时，工作安全因素 n 为多大？

（提示：查附录中型钢表可知，20a 号工字钢截面积 $A = 35.6\text{cm}^2$，$I_y = 158\text{cm}^4$，$W_y = 31.5\text{cm}^3$；$I_z = 2370\text{cm}^4$，$W_z = 237\text{cm}^3$）

附录 A　常用材料的力学性能

材料名称	牌号	屈服强度 σ_s/MPa	抗拉强度 σ_b/MPa	断后伸长率 (纵向/横向)δ/%	参考标准
碳素结构钢	Q195	195	315～430	33	GB/T 700—2006
	Q215	215	335～450	31	
	Q235	235	370～500	26	
	Q275	275	410～540	22	
优质碳素结构钢	25	275	450	23	GB/T 699—2015
	35	315	530	20	
	45	355	600	16	
	55	380	645	13	
低合金高强度结构钢	Q355	355	470～630	22/20	GB/T 1591—2018
	Q390	390	490～650	21/20	
	Q420	420	520～680	20	
	Q460	460	550～720	18	
合金结构钢	20Mn2	590	785	10	GB/T 3077—2015
	20MnV	590	785	10	
	27SiMn	835	980	12	
	25MnB	635	835	10	
	30CrMnSi	835	1080	10	
铸钢	ZG200－400	200	400	25	JB/T 5000.6—2007
	ZG230－450	230	450	22	
	ZG270－500	270	500	18	
	ZG310－570	310	570	15	
灰铸铁	HT275		275		GB/T 9439—2010
	HT300		300		
	HT350		350		
压铸铝合金	YZAlSi10Mg		200	2.0	GB/T 15114—2009
	YZAlSi12		220	2.0	

附录 B　常见截面的几何性质

序号	截面形状	形心位置	惯性矩
1		圆心处	$I_z = \dfrac{\pi d^4}{64}$
2		$y_c = \dfrac{h}{3}$	$I_z = \dfrac{bh^3}{36}$
3		截面中心	$I_z = \dfrac{bh^3}{12}$
4		圆心处	$I_z = \dfrac{\pi(D^4 - d^4)}{64} = \dfrac{\pi D^4}{64}(1 - \alpha^4)$ $\alpha = d/D$

序号	截面形状	形心位置	惯性矩
5		圆心处	$I_z = \pi R_0^3 \delta$
6		$y_c = \dfrac{h(2a+b)}{3(a+b)}$	$I_z = \dfrac{h^3(a^2+4ab+b^2)}{36(a+b)}$
7		$y_c = \dfrac{2R\sin\alpha}{3\alpha}$	$I_z = \dfrac{R^4}{4}\left(\alpha + \sin\alpha\cos\alpha - \dfrac{16\sin^2\alpha}{9\alpha}\right)$
8		椭圆中心	$I_z = \dfrac{\pi ab^3}{4}$

附录 C　典型梁的挠度与转角

序号	梁的简图	挠曲轴方程	挠度和转角
1		$w=\dfrac{Fx^2}{6EI}(x-3l)$	$w_B=-\dfrac{Fl^3}{3EI}$ $\theta_B=-\dfrac{Fl^2}{2EI}$
2		$w=\dfrac{Fx^2}{6EI}(x-3a)$ $(0\leqslant x\leqslant a)$ $w=\dfrac{Fa^2}{6EI}(a-3x)$ $(a\leqslant x\leqslant l)$	$w_B=-\dfrac{Fa^2}{6EI}(3l-a)$ $\theta_B=-\dfrac{Fa^2}{2EI}$
3		$w=\dfrac{qx^2}{24EI}(4lx-6l^2-x^2)$	$w_B=-\dfrac{ql^4}{8EI}$ $\theta_B=-\dfrac{ql^3}{6EI}$
4		$w=-\dfrac{M_e x^2}{2EI}$	$w_B=-\dfrac{M_e l^2}{2EI}$ $\theta_B=-\dfrac{M_e l}{EI}$
5		$w=-\dfrac{M_e x^2}{2EI}$ $(0\leqslant x\leqslant a)$ $w=-\dfrac{M_e a}{EI}\left(\dfrac{a}{2}-x\right)$ $(a\leqslant x\leqslant l)$	$w_B=-\dfrac{M_e a}{EI}\left(1-\dfrac{a}{2}\right)$ $\theta_B=-\dfrac{M_e a}{EI}$
6		$w=\dfrac{Fx}{12EI}\left(x^2-\dfrac{3l^2}{4}\right)$ $\left(0\leqslant x\leqslant \dfrac{l}{2}\right)$	$w_C=-\dfrac{Fl^3}{48EI}$ $\theta_A=-\theta_B=-\dfrac{Fl^2}{16EI}$

序号	梁的简图	挠曲轴方程	挠度和转角
7		$w=\dfrac{Fbx}{6lEI}(x^2-l^2+b^2)$ $(0\leqslant x\leqslant a)$ $w=\dfrac{Fa(l-x)}{6lEI}(x^2+a^2-2lx)$ $(a\leqslant x\leqslant l)$	$\delta=-\dfrac{Fb(l^2-b^2)^{3/2}}{9\sqrt{3}\,lEI}$ (位于 $x=\sqrt{\dfrac{l^2-b^2}{3}}$ 处) $\theta_A=-\dfrac{Fb(l^2-b^2)}{6lEI}$, $\theta_B=\dfrac{Fa(l^2-a^2)}{6lEI}$
8		$w=\dfrac{qx}{24EI}(2lx^2-x^3-l^3)$	$\delta=-\dfrac{5ql^4}{384EI}$ $\theta_A=-\theta_B=-\dfrac{ql^3}{24EI}$
9		$w=\dfrac{M_e x}{6lEI}(l^2-x^2)$	$\delta=\dfrac{M_e l^2}{9\sqrt{3}\,EI}$ (位于 $x=l/\sqrt{3}$ 处) $\theta_A=\dfrac{M_e l}{6EI}$, $\theta_B=-\dfrac{M_e l}{3EI}$
10		$w=\dfrac{M_e x}{6lEI}(l^2-3b^2-x^2)$ $(0\leqslant x\leqslant a)$ $w=\dfrac{M_e(l-x)}{6lEI}(3a^2-2lx+x^2)$ $(a\leqslant x\leqslant l)$	$\delta_1=\dfrac{M_e(l^2-3b^2)^{3/2}}{9\sqrt{3}\,lEI}$ (位于 $x=\sqrt{\dfrac{l^2-3b^2}{3}}$ 处) $\delta_2=-\dfrac{M_e(l^2-3a^2)^{3/2}}{9\sqrt{3}\,lEI}$ (位于矩 B 端 $x=\sqrt{\dfrac{l^2-3a^2}{3}}$ 处) $\theta_A=\dfrac{M_e(l^2-3b^2)}{6lEI}$, $\theta_B=\dfrac{M_e(l^2-3a^2)}{6lEI}$, $\theta_C=\dfrac{M_e(l^2-3a^2-3b^2)}{6lEI}$

附录 D 型钢表

符号意义:

b——边宽度;
d——边厚度;
r——内圆弧半径;
r_1——边端内弧半径;

I——惯性矩;
i——惯性半径;
W——截面系数;
z_0——重心距离。

一、热轧等边角钢

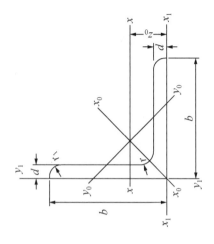

角钢号数	尺寸/mm			截面面积/cm²	理论重量/(kg/m)	外表面积/(m²/m)	参考数值												
							$x-x$			x_0-x_0			y_0-y_0			x_1-x_1	z_0	
	b	d	r				I_x/cm⁴	i_x/cm	W_x/cm³	I_{x0}/cm⁴	i_{x0}/cm	W_{x0}/cm³	I_{y0}/cm⁴	i_{y0}/cm	W_{y0}/cm³	I_{x1}/cm⁴	/cm	
2	20	3	3.5	1.132	0.889	0.078	0.40	0.59	0.29	0.63	0.75	0.45	0.17	0.39	0.20	0.81	0.60	
		4		1.459	1.145	0.077	0.50	0.58	0.36	0.78	0.73	0.55	0.22	0.38	0.24	1.09	0.64	
2.5	25	3		1.432	1.124	0.098	0.82	0.76	0.46	1.29	0.95	0.73	0.34	0.49	0.33	1.57	0.73	
		4		1.859	1.459	0.097	1.03	0.74	0.59	1.62	0.93	0.92	0.43	0.48	0.40	2.11	0.76	

续表

角钢号数	尺寸/mm b	尺寸/mm d	尺寸/mm r	截面面积/cm²	理论重量/(kg/m)	外表面积/(m²/m)	I_x/cm⁴	i_x/cm	W_x/cm³	I_{x0}/cm⁴	i_{x0}/cm	W_{x0}/cm³	I_{y0}/cm⁴	i_{y0}/cm	W_{y0}/cm³	I_{x1}/cm⁴	Z_0/cm
							x—x			x0—x0			y0—y0			x1—x1	
3.0	30	3	4.5	1.749	1.373	0.117	1.46	0.91	0.68	2.31	1.15	1.09	0.61	0.59	0.51	2.71	0.85
		4		2.276	1.786	0.117	1.84	0.90	0.87	2.92	1.13	1.37	0.77	0.58	0.62	3.63	0.89
3.6	36	3		2.109	1.656	0.141	2.58	1.11	0.99	4.09	1.39	1.61	1.07	0.71	0.76	4.68	1.00
		4		2.756	2.163	0.141	3.29	1.09	1.28	5.22	1.38	2.05	1.37	0.70	0.93	6.25	1.04
		5		3.382	2.654	0.141	3.95	1.08	1.56	6.24	1.36	2.45	1.65	0.70	1.09	7.84	1.07
4.0	40	3		2.359	1.852	0.157	3.59	1.23	1.23	5.69	1.55	2.01	1.49	0.79	0.96	6.41	1.09
		4		3.086	2.422	0.157	4.60	1.22	1.60	7.29	1.54	2.58	1.91	0.79	1.19	8.56	1.13
		5		3.791	2.976	0.156	5.53	1.21	1.96	8.76	1.52	3.01	2.30	0.78	1.39	10.74	1.17
4.5	45	3	5	2.659	2.088	0.177	5.17	1.40	1.58	8.20	1.76	2.58	2.14	0.90	1.24	9.12	1.22
		4		3.486	2.736	0.177	6.65	1.38	2.05	10.56	1.74	3.32	2.75	0.89	1.54	12.18	1.26
		5		4.292	3.369	0.176	8.04	1.37	2.51	12.74	1.72	4.00	3.33	0.88	1.81	15.25	1.30
		6		5.076	3.985	0.176	9.33	1.36	2.95	14.76	1.70	4.64	3.89	0.88	2.06	18.36	1.33
5.0	50	3	5.5	2.971	2.332	0.197	7.18	1.55	1.96	11.37	1.96	3.22	2.98	1.00	1.57	12.50	1.34
		4		3.897	3.059	0.197	9.26	1.54	2.56	14.70	1.94	4.16	3.82	0.99	1.96	16.69	1.38
		5		4.803	3.770	0.196	11.21	1.53	3.13	17.79	1.92	5.03	4.64	0.98	2.31	20.90	1.42
		6		5.688	4.465	0.196	13.05	1.52	3.68	20.68	1.91	5.85	5.42	0.98	2.63	25.14	1.46

参考数值

续表

角钢号数	尺寸/mm b	尺寸/mm d	尺寸/mm r	截面面积/cm²	理论重量/(kg/m)	外表面积/(m²/m)	参考数值 x-x I_x/cm⁴	x-x i_x/cm	x-x W_x/cm³	x_0-x_0 I_{x0}/cm⁴	x_0-x_0 i_{x0}/cm	x_0-x_0 W_{x0}/cm³	y_0-y_0 I_{y0}/cm⁴	y_0-y_0 i_{y0}/cm	y_0-y_0 W_{y0}/cm³	x_1-x_1 I_{x1}/cm⁴	Z_0/cm
5.6	56	3	6	3.343	2.624	0.221	10.19	1.75	2.48	16.14	2.20	4.08	4.24	1.13	2.02	17.56	1.48
		4		4.390	3.446	0.220	13.18	1.73	3.24	20.92	2.18	5.28	5.46	1.11	2.52	23.43	1.53
		5		5.415	4.251	0.220	16.02	1.72	3.97	25.42	2.17	6.42	6.61	1.10	2.98	29.33	1.57
		8		8.367	6.568	0.219	23.63	1.68	6.03	37.37	2.11	9.44	9.89	1.09	4.16	47.24	1.68
6.3	63	4	7	4.978	3.907	0.248	19.03	1.96	4.13	30.17	2.46	6.78	7.89	1.26	3.29	33.35	1.70
		5		6.143	4.822	0.248	23.17	1.94	5.08	36.77	2.45	8.25	9.57	1.25	3.90	41.73	1.74
		6		7.288	5.721	0.247	27.12	1.93	6.0	43.03	2.43	9.66	11.20	1.24	4.46	50.14	1.78
		8		9.515	7.469	0.247	34.46	1.90	7.75	54.56	2.40	12.25	14.33	1.23	5.47	67.11	1.85
		10		11.657	9.151	0.246	41.09	1.88	9.39	64.85	2.36	14.56	17.33	1.22	6.36	84.31	1.93
7	70	4	8	5.570	4.372	0.275	26.39	2.18	5.14	41.80	2.74	8.44	10.99	1.40	4.17	45.74	1.86
		5		6.875	5.397	0.275	32.21	2.16	6.32	51.08	2.73	10.32	13.34	1.39	4.95	57.21	1.91
		6		8.160	6.406	0.275	37.77	2.15	7.48	59.93	2.71	12.11	15.61	1.38	5.67	68.73	1.95
		7		9.424	7.398	0.275	43.09	2.14	8.59	68.35	2.69	13.81	17.82	1.38	6.34	80.29	1.99
		8		10.667	8.373	0.274	48.17	2.12	9.68	76.37	2.68	15.43	19.98	1.37	6.98	91.92	2.03
7.5	75	5	9	7.367	5.818	0.295	39.97	2.33	7.32	63.30	2.92	11.94	16.63	1.50	5.77	70.56	2.04
		6		8.797	6.905	0.294	46.95	2.31	8.64	74.38	2.90	14.02	19.51	1.49	6.67	84.55	2.07
		7		10.160	7.976	0.294	53.57	2.30	9.93	84.96	2.89	16.02	22.18	1.48	7.44	98.71	2.11
		8		11.503	9.030	0.294	59.96	2.28	11.20	95.07	2.88	17.93	24.86	1.47	8.19	112.97	2.15
		10		14.126	11.089	0.293	71.98	2.26	13.64	113.92	2.84	21.48	30.05	1.46	9.56	141.71	2.22

续表

角钢号数	尺寸/mm b	尺寸/mm d	尺寸/mm r	截面面积/cm²	理论重量/(kg/m)	外表面积/(m²/m)	$x-x$ I_x/cm⁴	$x-x$ i_x/cm	$x-x$ W_x/cm³	x_0-x_0 I_{x0}/cm⁴	x_0-x_0 i_{x0}/cm	x_0-x_0 W_{x0}/cm³	y_0-y_0 I_{y0}/cm⁴	y_0-y_0 i_{y0}/cm	y_0-y_0 W_{y0}/cm³	x_1-x_1 I_{x1}/cm⁴	Z_0/cm
8	80	5	9	7.912	6.211	0.315	48.79	2.48	8.34	77.33	3.13	13.67	20.25	1.60	6.66	85.36	2.15
		6		9.397	7.376	0.314	57.35	2.47	9.87	90.89	3.11	16.08	23.72	1.59	7.65	102.50	2.19
		7		10.860	8.525	0.314	65.58	2.46	11.37	104.07	3.10	18.40	27.09	1.58	8.58	119.70	2.23
		8		12.303	9.658	0.314	73.49	2.44	12.83	116.60	3.08	20.61	30.39	1.57	9.46	136.97	2.27
		10		15.126	11.874	0.313	88.43	2.42	15.64	140.09	3.04	24.76	36.77	1.56	11.08	171.74	2.35
9	90	6	10	10.637	8.350	0.354	82.77	2.79	12.61	131.26	3.51	20.63	34.28	1.80	9.95	145.87	2.44
		7		12.301	9.656	0.354	94.83	2.78	14.54	150.47	3.50	23.64	39.18	1.78	11.19	170.30	2.48
		8		13.944	10.946	0.353	106.47	2.76	16.42	168.97	3.48	26.55	43.97	1.78	12.35	194.80	2.52
		10		17.167	13.476	0.353	128.58	2.74	20.07	203.90	3.45	32.04	53.26	1.76	14.52	244.07	2.59
		12		20.306	15.940	0.352	149.22	2.71	23.57	236.21	3.41	37.12	62.22	1.75	16.49	293.76	2.67
10	100	6	12	11.932	9.366	0.393	114.95	3.10	15.68	181.98	3.90	25.74	47.92	2.00	12.69	200.07	2.67
		7		13.796	10.830	0.393	131.86	3.09	18.10	208.97	3.89	29.55	54.74	1.99	14.26	233.54	2.71
		8		15.638	12.276	0.393	148.24	3.08	20.47	235.07	3.88	33.24	61.41	1.98	15.75	267.09	2.76
		10		19.261	15.120	0.392	179.51	3.05	25.06	284.68	3.84	40.26	74.35	1.96	18.54	344.48	2.84
		12		22.800	17.898	0.391	208.90	3.03	29.48	330.95	3.81	46.80	86.84	1.95	21.08	402.34	2.91
		14		26.256	20.611	0.391	236.53	3.00	33.73	374.06	3.77	52.90	99.00	1.94	23.44	470.75	2.99
		16		29.627	23.257	0.390	262.53	2.98	37.82	414.16	3.74	58.57	110.89	1.94	25.63	539.80	3.06

续表

角钢号数	尺寸/mm			截面面积/cm²	理论重量/(kg/m)	外表面积/(m²/m)	参考数值											
							$x-x$			x_0-x_0			y_0-y_0			x_1-x_1	Z_0/cm
	b	d	r				I_x/cm⁴	i_x/cm	W_x/cm³	I_{x0}/cm⁴	i_{x0}/cm	W_{x0}/cm³	I_{y0}/cm⁴	i_{y0}/cm	W_{y0}/cm³	I_{x1}/cm⁴	
11	110	7	12	15.196	11.928	0.433	177.16	3.41	22.05	280.94	4.30	36.12	73.38	2.20	17.51	310.64	2.96
		8		17.238	13.532	0.433	199.46	3.40	24.95	316.49	4.28	40.69	82.42	2.19	19.39	355.20	3.01
		10		21.261	16.690	0.432	242.19	3.38	30.60	384.39	4.25	49.42	99.98	2.17	22.91	444.65	3.09
		12		25.200	19.782	0.431	282.55	3.35	36.05	448.17	4.22	57.62	116.93	2.15	26.15	534.60	3.16
		14		29.056	22.809	0.431	320.71	3.32	41.31	508.01	4.18	65.31	133.40	2.14	29.14	625.16	3.24
12.5	125	8	14	19.750	15.504	0.492	297.03	3.88	32.52	470.89	4.88	53.28	123.16	2.50	25.86	521.01	3.37
		10		24.373	19.133	0.491	361.67	3.85	39.97	573.89	4.85	64.93	149.46	2.48	30.62	651.93	3.45
		12		28.912	22.696	0.491	423.16	3.83	40.17	671.44	4.82	75.96	174.88	2.46	35.03	783.42	3.53
		14		33.367	26.193	0.490	481.65	3.80	54.16	763.73	4.78	86.41	199.57	2.45	39.13	915.61	3.61
14	140	10		27.373	21.488	0.551	514.65	4.34	50.58	817.27	5.46	82.56	212.04	2.78	39.20	915.11	3.82
		12		32.512	25.522	0.551	603.68	4.31	59.80	958.79	5.43	96.85	248.57	2.76	45.02	1099.28	3.90
		14		37.567	29.490	0.550	688.81	4.28	68.75	1093.56	5.40	110.47	284.06	2.75	50.45	1284.22	3.98
		16		42.539	33.393	0.549	770.24	4.26	77.46	1221.81	5.36	123.42	318.67	2.74	55.55	1470.07	4.06

续表

角钢号数	尺寸/mm			截面面积/cm²	理论重量/(kg/m)	外表面积/(m²/m)	参考数值												
							$x-x$			x_0-x_0			y_0-y_0			x_1-x_1	Z_0/cm
	b	d	r				I_x/cm⁴	i_x/cm	W_x/cm³	I_{x0}/cm⁴	i_{x0}/cm	W_{x0}/cm³	I_{y0}/cm⁴	i_{y0}/cm	W_{y0}/cm³	I_{x1}/cm⁴	
16	160	10	16	31.502	24.729	0.630	779.53	4.98	66.70	1237.30	6.27	109.36	321.76	3.20	52.76	1365.33	4.31
		12		37.411	29.391	0.630	916.58	4.95	78.98	1455.68	6.24	128.67	377.49	3.18	60.74	1639.57	4.39
		14		43.296	33.987	0.629	1048.36	4.92	90.95	1665.02	6.20	147.17	431.70	3.16	68.24	1914.68	4.47
		16		49.067	38.518	0.629	1175.08	4.89	102.63	1865.57	6.17	164.89	484.59	3.14	75.31	2190.82	4.55
18	180	12		42.241	33.159	0.710	1321.35	5.59	100.82	2100.10	7.05	165.00	542.61	3.58	78.41	2332.80	4.89
		14		48.896	38.388	0.709	1514.48	5.56	116.25	2407.42	7.02	189.14	625.53	3.56	88.38	2723.48	4.97
		16		55.467	43.542	0.709	1700.99	5.54	131.13	2703.37	6.98	212.40	698.60	3.55	97.83	3115.29	5.05
		18		61.955	48.634	0.708	1875.12	5.50	145.64	2988.24	6.94	234.78	762.01	3.51	105.14	3502.43	5.13
20	200	14	18	54.642	42.894	0.788	2103.55	6.20	144.70	3343.26	7.82	236.40	863.83	3.98	111.82	3734.10	5.46
		16		62.013	48.680	0.788	2366.15	6.18	163.65	3760.89	7.79	265.93	971.41	3.96	123.96	4270.39	5.54
		18		69.301	54.401	0.787	2620.64	6.15	182.22	4164.54	7.75	294.48	1076.74	3.94	135.52	4808.13	5.62
		20		76.505	60.056	0.787	2867.30	6.12	200.42	4554.55	7.72	322.06	1180.04	3.93	146.55	5347.51	5.69
		24		90.661	71.168	0.785	3338.25	6.07	236.17	5294.97	7.64	374.41	1381.53	3.90	166.55	6457.16	5.87

二、热轧不等边角钢

符号意义：

B——长边宽度；　　　　b——短边宽度；
d——边厚；　　　　　　r——内圆弧半径；
r₁——边端内圆弧半径；　I——惯性矩；
i——惯性半径；　　　　W——截面系数；
x₀——重心距离；　　　　y₀——重心距离。

角钢号数	尺寸/mm B	b	d	r	截面面积/cm²	理论重量/(kg/m)	外表面积/(m²/m)	$x-x$ I_x/cm⁴	i_x/cm	W_x/cm³	$y-y$ I_y/cm⁴	i_y/cm	W_y/cm³	x_1-x_1 I_{x1}/cm⁴	y_0/cm	y_1-y_1 I_{y1}/cm⁴	x_0/cm	$u-u$ I_u/cm⁴	i_u/cm	W_u/cm³	$\tan\alpha$
2.5/1.6	25	16	3	3.5	1.162	0.912	0.080	0.70	0.78	0.43	0.22	0.44	0.19	1.56	0.86	0.43	0.42	0.14	0.34	0.16	0.392
			4		1.499	1.176	0.079	0.88	0.77	0.55	0.27	0.43	0.24	2.09	0.90	0.59	0.46	0.17	0.34	0.20	0.381
3.2/2	32	20	3	3.5	1.492	1.171	0.102	1.53	1.01	0.72	0.46	0.55	0.30	3.27	1.08	0.82	0.49	0.28	0.43	0.25	0.382
			4		1.939	1.522	0.101	1.93	1.00	0.93	0.57	0.54	0.39	4.37	1.12	1.12	0.53	0.35	0.42	0.32	0.374
4/2.5	40	25	3	4	1.890	1.484	0.127	3.08	1.28	1.15	0.93	0.70	0.49	6.39	1.32	1.59	0.59	0.56	0.54	0.40	0.386
			4		2.467	1.936	0.127	3.93	1.26	1.49	1.18	0.69	0.63	8.53	1.37	2.14	0.63	0.71	0.54	0.52	0.381
4.5/2.8	45	28	3	5	2.149	1.687	0.143	4.45	1.44	1.47	1.34	0.79	0.62	9.10	1.47	2.23	0.64	0.80	0.61	0.51	0.383
			4		2.806	2.203	0.143	5.69	1.42	1.91	1.70	0.78	0.80	12.13	1.51	3.00	0.68	1.02	0.60	0.66	0.380
5/3.2	50	32	3	5.5	2.431	1.908	0.161	6.24	1.60	1.84	2.02	0.91	0.82	12.49	1.60	3.31	0.73	1.20	0.70	0.68	0.404
			4		3.177	2.494	0.160	8.02	1.59	2.39	2.58	0.90	1.06	16.65	1.65	4.45	0.77	1.53	0.60	0.87	0.402

参考数值

续表

角钢号数	尺寸/mm				截面面积/cm²	理论重量/(kg/m)	外表面积/(m²/m)	参考数值														
	B	b	d	r				x—x			y—y			x₁—x₁		y₁—y₁		u—u			
								I_x/cm⁴	i_x/cm	W_x/cm³	I_y/cm⁴	i_y/cm	W_y/cm³	I_{x1}/cm⁴	y_0/cm	I_{y1}/cm⁴	x_0/cm	I_u/cm⁴	i_u/cm	W_u/cm³	$\tan\alpha$
5.6/3.6	56	36	3	6	2.743	2.153	0.181	8.88	1.80	2.32	2.92	1.03	1.05	17.54	1.78	4.70	0.80	1.73	0.79	0.87	0.408
			4		3.590	2.818	0.180	11.45	1.79	3.03	3.76	1.02	1.37	23.39	1.82	6.33	0.85	2.23	0.79	1.13	0.408
			5		4.415	3.466	0.180	13.86	1.77	3.71	4.49	1.01	1.65	29.25	1.87	7.94	0.88	2.67	0.78	1.36	0.404
6.3/4	63	40	4	7	4.058	3.185	0.202	16.49	2.02	3.87	5.23	1.14	1.70	33.30	2.04	8.63	0.92	3.12	0.88	1.40	0.398
			5		4.993	3.920	0.202	20.02	2.00	4.74	6.31	1.12	2.71	41.63	2.08	10.86	0.95	3.76	0.87	1.71	0.396
			6		5.908	4.638	0.201	23.36	1.96	5.59	7.29	1.11	2.43	49.98	2.12	13.12	0.99	4.34	0.86	1.99	0.393
			7		6.802	5.339	0.201	26.53	1.98	6.40	8.24	1.10	2.78	58.07	2.15	15.47	1.03	4.97	0.86	2.29	0.389
7/4.5	70	45	4	7.5	4.547	3.570	0.226	23.17	2.26	4.86	7.55	1.29	2.17	45.92	2.24	12.26	1.02	4.40	0.98	1.77	0.410
			5		5.609	4.403	0.225	27.95	2.23	5.92	9.13	1.28	2.65	57.10	2.28	15.39	1.06	5.40	0.98	2.19	0.407
			6		6.647	5.218	0.225	32.54	2.21	6.95	10.62	1.26	3.12	68.35	2.32	18.58	1.09	6.35	0.98	2.59	0.404
			7		7.657	6.011	0.225	37.22	2.20	8.03	12.01	1.25	3.57	79.99	2.36	21.84	1.13	7.16	0.97	2.94	0.402
7.5/5	75	50	5	8	6.125	4.808	0.245	34.86	2.39	6.83	12.61	1.44	3.30	70.00	2.40	21.04	1.17	7.41	1.10	2.74	0.435
			6		7.260	5.699	0.245	41.12	2.38	8.12	14.70	1.42	3.88	84.30	2.44	25.37	1.21	8.54	1.08	3.19	0.435
			8		9.467	7.431	0.244	52.39	2.35	10.52	18.53	1.40	4.99	112.50	2.52	34.23	1.29	10.87	1.07	4.10	0.429
			10		11.590	9.098	0.244	62.71	2.33	12.79	21.96	1.38	6.04	140.80	2.60	43.43	1.36	13.10	1.06	4.99	0.423

续表

角钢号数	B	b	d	r	截面面积/cm²	理论重量/(kg/m)	外表面积/(m²/m)	I_x/cm⁴	i_x/cm	W_x/cm³	I_y/cm⁴	i_y/cm	W_y/cm³	I_{x1}/cm⁴	y_0/cm	I_{y1}/cm⁴	x_0/cm	I_u/cm⁴	i_u/cm	W_u/cm³	$\tan\alpha$
								$x-x$			$y-y$			x_1-x_1		y_1-y_1		$u-u$			
8/5	80	50	5	8	6.375	5.005	0.255	41.96	2.56	7.78	12.82	1.42	3.32	85.21	2.60	21.06	1.14	7.66	1.10	2.74	0.388
			6		7.560	5.935	0.255	49.49	2.56	9.25	14.95	1.41	3.91	102.53	2.65	25.41	1.18	8.85	1.08	3.20	0.387
			7		8.724	6.848	0.255	56.16	2.54	10.58	16.96	1.39	4.48	119.33	2.69	29.82	1.21	10.18	1.08	3.70	0.384
			8		9.867	7.745	0.254	62.83	2.52	11.92	18.85	1.38	5.03	136.41	2.73	34.32	1.25	11.38	1.07	4.16	0.381
9/5.6	90	56	5	9	7.212	5.661	0.287	60.45	2.90	9.92	18.32	1.59	4.21	121.32	2.91	29.53	1.25	10.98	1.23	3.49	0.385
			6		8.557	6.717	0.286	71.03	2.88	11.74	21.42	1.58	4.96	145.59	2.95	35.58	1.29	12.90	1.23	4.18	0.384
			7		9.880	7.756	0.286	81.01	2.86	13.49	24.36	1.57	5.70	169.66	3.00	41.71	1.33	14.67	1.22	4.72	0.382
			8		11.183	8.779	0.286	91.03	2.85	15.27	27.15	1.56	6.41	194.17	3.04	47.93	1.36	16.34	1.21	5.29	0.380
10/6.3	100	63	6	10	9.617	7.550	0.320	99.06	3.21	14.64	30.94	1.79	6.35	199.71	3.24	50.50	1.43	18.42	1.38	5.25	0.394
			7		11.111	8.722	0.320	113.45	3.20	16.88	35.26	1.78	7.29	233.00	3.28	59.14	1.47	21.00	1.38	6.02	0.393
			8		12.584	9.878	0.319	127.37	3.18	19.08	39.39	1.77	8.21	266.32	3.32	67.88	1.50	23.50	1.37	6.78	0.391
			10		15.467	12.142	0.319	153.81	3.15	23.32	47.12	1.74	9.98	333.06	3.40	85.73	1.58	28.33	1.35	8.24	0.387
10/8	100	80	6	10	10.637	8.350	0.354	107.04	3.17	15.19	61.24	2.40	10.16	199.83	2.95	102.68	1.97	31.65	1.72	8.37	0.627
			7		12.304	9.656	0.354	122.73	3.16	17.52	70.08	2.39	11.71	233.20	3.00	119.98	2.01	36.17	1.72	9.60	0.626
			8		13.944	10.946	0.353	137.92	3.14	19.81	78.58	2.37	13.21	266.61	3.04	137.37	2.05	40.58	1.71	10.80	0.625
			10		17.167	13.176	0.353	166.87	3.12	24.24	94.65	2.35	16.12	333.63	3.12	172.48	2.13	49.10	1.69	13.12	0.622

续表

角钢号数	尺寸/mm B	b	d	r	截面面积/cm²	理论重量/(kg/m)	外表面积/(m²/m)	I_x/cm⁴	i_x/cm	W_x/cm³	I_y/cm⁴	i_y/cm	W_y/cm³	I_{x1}/cm⁴	y_0/cm	I_{y1}/cm⁴	x_0/cm	I_u/cm⁴	i_u/cm	W_u/cm³	$\tan\alpha$
								x—x			y—y			x₁—x₁		y₁—y₁		u—u			
11/7	110	70	6	10	10.637	8.350	0.354	133.37	3.54	17.85	42.92	2.01	7.90	265.78	3.53	69.08	1.57	25.36	1.54	6.53	0.403
			7		12.301	9.656	0.354	153.00	3.53	20.60	49.01	2.00	9.09	310.07	3.57	80.82	1.61	28.95	1.53	7.50	0.402
			8		13.944	10.946	0.353	172.04	3.51	23.30	54.87	1.98	10.25	354.39	3.62	92.70	1.65	32.45	1.53	8.45	0.401
			10		17.167	13.476	0.353	208.39	3.48	28.54	65.88	1.96	12.48	443.13	3.70	116.83	1.72	39.20	1.51	10.29	0.397
12.5/8	125	80	7	11	14.096	11.066	0.403	227.98	4.02	26.86	74.42	2.30	12.01	454.99	4.01	120.32	1.80	43.81	1.76	9.92	0.408
			8		15.989	12.551	0.403	256.77	4.01	30.41	83.49	2.28	13.56	519.99	4.06	137.85	1.84	49.75	1.75	11.18	0.407
			10		19.712	15.474	0.402	312.04	3.98	37.33	100.67	2.26	16.56	650.09	4.14	173.40	1.92	59.45	1.74	13.64	0.404
			12		23.351	18.330	0.402	364.41	3.95	44.01	116.67	2.24	19.43	780.39	4.22	209.67	2.00	69.35	1.72	16.01	0.400
14/9	140	90	8	12	18.038	14.160	0.453	365.64	4.50	38.48	120.69	2.59	17.34	730.53	4.50	195.79	2.04	70.83	1.98	14.31	0.411
			10		22.261	17.475	0.452	445.50	4.47	47.31	146.03	2.56	21.22	913.20	4.58	245.92	2.12	85.82	1.96	17.48	0.409
			12		26.400	20.724	0.451	521.59	4.44	55.87	169.79	2.54	24.95	1096.09	4.66	296.89	2.19	100.21	1.95	20.54	0.406
			14		30.456	23.908	0.451	594.10	4.42	64.18	192.10	2.51	28.54	1279.26	4.74	348.82	2.27	114.13	1.94	23.52	0.403
16/10	160	100	10	13	25.315	19.872	0.512	668.69	5.14	62.13	205.03	2.85	26.56	1362.89	5.24	336.59	2.28	121.74	2.19	21.92	0.390
			12		30.054	23.592	0.511	784.91	5.11	73.49	239.06	2.82	31.28	1635.56	5.32	405.94	2.36	142.33	2.17	25.79	0.388
			14		34.709	27.247	0.510	896.30	5.08	84.56	271.20	2.80	35.83	1908.50	5.40	476.42	2.43	162.23	2.16	29.56	0.385
			16		39.281	30.835	0.510	1003.04	5.05	95.33	301.60	2.77	40.24	2181.79	5.48	548.22	2.51	182.57	2.16	33.44	0.382

参考数值

续表

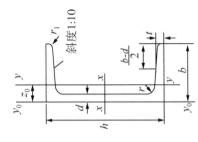

参考数值

角钢号数	尺寸/mm B	b	d	r	截面面积/cm²	理论重量/(kg/m)	外表面积/(m²/m)	x—x Ix/cm⁴	ix/cm	Wx/cm³	y—y Iy/cm⁴	iy/cm	Wy/cm³	x1—x1 Ix1/cm⁴	y0/cm	y1—y1 Iy1/cm⁴	x0/cm	u—u Iu/cm⁴	iu/cm	Wu/cm³	tanα
18/11	180	110	10	14	28.373	22.273	0.571	956.25	5.80	78.96	278.11	3.13	32.49	1940.40	5.89	447.22	2.44	166.50	2.42	26.88	0.376
			12		33.712	26.464	0.571	1124.72	5.78	93.53	325.03	3.10	38.32	2328.38	5.98	538.94	2.52	194.87	2.40	31.66	0.374
			14	14	38.967	30.589	0.570	1286.91	5.75	107.76	369.55	3.08	43.97	2716.60	6.06	631.95	2.59	222.30	2.39	36.32	0.372
			16		44.139	34.649	0.569	1443.06	5.72	121.64	411.85	3.06	49.44	3105.15	6.14	726.46	2.67	248.94	2.38	40.87	0.369
20/12.5	200	125	12	14	37.912	29.761	0.641	1570.90	6.44	116.73	483.16	3.57	49.99	3193.85	6.54	787.74	2.83	285.79	2.74	41.23	0.392
			14		43.867	34.436	0.640	1800.97	6.41	134.65	550.83	3.54	57.44	3726.17	6.62	922.47	2.91	326.58	2.73	47.34	0.390
			16	14	49.739	39.045	0.639	2023.35	6.38	152.18	615.44	3.52	64.69	4258.86	6.70	1058.86	2.99	366.21	2.71	53.32	0.388
			18		55.526	43.588	0.639	2238.30	6.35	169.33	677.19	3.49	71.74	4792.00	6.78	1197.13	3.06	404.83	2.70	59.18	0.385

符号意义：

h——高度；

b——腿宽；

d——腰厚；

t——平均腿厚；

r——内圆弧半径；

r_1——腿端圆弧半径；

I——惯性矩；

W——截面系数；

i——惯性半径；

z_0——y—y 与 y_0—y_0 轴线间距离。

三、热轧槽钢

型号	尺寸/mm						截面面积 /cm²	理论重量 /(kg/m)	参考数值							
									$x-x$			$y-y$			y_0-y_0	z_0
	h	b	d	t	r	r_1			I_x /cm⁴	W_x /cm³	i_x /cm	I_y /cm⁴	W_y /cm³	i_y /cm	I_{y0} /cm⁴	/cm
5	50	37	4.5	7	7	3.5	6.93	5.44	26	10.4	1.94	8.3	3.55	1.1	20.9	1.35
6.3	63	40	4.8	7.5	7.5	3.75	8.444	6.63	50.786	16.123	2.453	11.872	4.50	1.185	28.38	1.36
8	80	43	5	8	8	4	10.24	8.04	101.3	25.3	3.15	16.6	5.79	1.27	37.4	1.43
10	100	48	5.3	8.5	8.5	4.25	12.74	10	198.3	39.7	3.95	25.6	7.8	1.41	54.9	1.52
12.6	126	53	5.5	9	9	4.5	15.69	12.37	391.466	62.137	4.953	37.99	10.242	1.567	77.09	1.59
14a	140	58	6	9.5	9.5	4.75	18.51	14.53	563.7	80.5	5.52	53.2	13.01	1.7	107.1	1.71
14b	140	60	8	9.5	9.5	4.75	21.31	16.73	609.4	87.1	5.35	61.1	14.12	1.69	120.6	1.67
16a	160	63	6.5	10	10	5	21.95	17.23	866.2	108.3	6.28	73.3	16.3	1.83	144.1	1.8
16b	160	65	8.5	10	10	5	25.15	19.74	934.5	116.8	6.1	83.4	17.55	1.82	160.8	1.75
18a	180	68	7	10.5	10.5	5.25	25.69	20.17	1272.7	141.4	7.04	98.6	20.03	1.96	189.7	1.88
18b	180	70	9	10.5	10.5	5.25	29.29	22.99	1369.9	152.2	6.84	111	21.52	1.95	210.1	1.84
20a	200	73	7	11	11	5.5	28.83	22.63	1780.4	178	7.86	128	24.2	2.11	244	2.01
20b	200	75	9	11	11	5.5	32.83	25.77	1913.7	191.4	7.64	143.6	25.88	2.09	268.4	1.95
22a	220	77	7	11.5	11.5	5.75	31.84	24.99	2393.9	217.6	8.67	157.8	28.17	2.23	298.2	2.1
22b	220	79	9	11.5	11.5	5.75	36.24	28.45	2571.4	233.8	8.42	176.4	30.05	2.21	326.3	2.03
25a	250	78	7	12	12	6	34.91	27.47	3369.62	269.597	9.823	175.529	30.607	2.243	322.256	2.065
25b	250	80	9	12	12	6	39.91	31.39	3530.04	282.402	9.405	196.421	32.657	2.218	353.187	1.982
25c	250	82	11	12	12	6	44.91	35.32	3690.45	295.236	9.065	218.415	35.926	2.206	384.133	1.921
28a	280	82	7.5	12.5	12.5	6.25	40.02	31.42	4764.59	340.328	10.91	217.989	35.718	2.333	387.566	2.097
28b	280	84	9.5	12.5	12.5	6.25	45.62	35.81	5130.45	366.46	10.6	242.144	37.929	2.304	427.589	2.016
28c	280	86	11.5	12.5	12.5	6.25	51.22	40.21	5496.32	392.594	10.35	267.602	40.301	2.286	426.597	1.951

续表

型号	尺寸/mm						截面面积/cm²	理论重量/(kg/m)	参考数值							
	h	b	d	t	r	r_1			$x-x$			$y-y$			y_0-y_0	z_0
									I_x/cm⁴	W_x/cm³	i_x/cm	I_y/cm⁴	W_y/cm³	i_y/cm	I_{y0}/cm⁴	/cm
32a	320	88	8	14	14	7	48.7	38.22	7598.06	474.879	12.49	304.787	46.473	2.502	552.31	2.242
32b	320	90	10	14	14	7	55.1	43.25	8144.2	509.012	12.15	336.332	49.157	2.471	592.933	2.158
32c	320	92	12	14	14	7	61.5	48.28	8690.33	543.145	11.88	374.175	52.642	2.467	643.299	2.092
36a	360	96	9	16	16	8	60.89	47.8	11874.2	659.7	13.97	455	63.54	2.73	818.4	2.44
36b	360	98	11	16	16	8	68.09	53.45	12651.8	702.9	13.63	496.7	66.85	2.7	880.4	2.37
36c	360	100	13	16	16	8	75.29	50.1	13429.4	746.1	13.36	536.4	70.02	2.67	947.9	2.34
40a	400	100	10.5	18	18	9	75.05	58.91	17577.9	878.9	15.30	592	78.83	2.81	1067.7	2.49
40b	400	102	12.5	18	18	9	83.05	65.19	18644.5	932.2	14.98	640	82.52	2.78	1135.6	2.44
40c	400	104	14.5	18	18	9	91.05	71.47	19711.2	985.6	14.71	687.8	86.19	2.75	1220.7	2.42

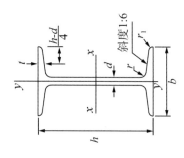

四、热轧工字钢

符号意义：

h——高度；

b——腿宽；

d——腰厚；

t——平均腿厚；

r——内圆弧半径；

r_1——腿端圆弧半径；

I——惯性矩；

W——截面系数；

i——惯性半径；

S——半截面的面积矩。

型号	尺寸/mm						截面面积/cm²	理论重量/(kg/m)	参考数值						
									x-x				I_y/cm⁴	y-y	
	h	b	d	t	r	r_1			I_x/cm⁴	W_x/cm³	i_x/cm	$I_x:S_x$/cm		W_y/cm³	i_y/cm
10	100	68	4.5	7.6	6.5	3.3	14.3	11.2	245	49	4.14	8.59	33	9.72	1.52
12.6	126	74	5	8.4	7	3.5	18.1	14.2	488.43	77.529	5.195	10.85	46.906	12.677	1.609
14	140	80	5.5	9.1	7.5	3.8	21.5	16.9	712	102	5.76	12	64.4	16.1	1.73
16	160	88	6	9.9	8	4	26.1	20.5	1130	141	6.58	13.8	93.1	21.2	1.89
18	180	94	6.5	10.7	8.5	4.3	30.6	24.1	1660	185	7.36	15.4	122	26	2
20a	200	100	7	11.4	9	4.5	35.5	27.9	2370	237	8.15	17.2	158	31.5	2.12
20b	200	102	9	11.4	9	4.5	39.5	31.1	2500	250	7.96	16.9	169	33.1	2.06
22a	220	110	7.5	12.3	9.5	4.8	42	33	3400	309	8.99	18.9	225	40.9	2.31
22b	220	112	9.5	12.3	9.5	4.8	46.4	36.4	3570	325	8.78	18.7	239	42.7	2.27
25a	250	116	8	13	10	5	48.5	38.1	5023.54	401.88	10.18	21.58	280.046	48.283	2.403
25b	250	118	10	13	10	5	53.5	42	5283.96	422.72	9.938	21.27	309.297	52.423	2.404
28a	280	122	8.5	13.7	10.5	5.3	55.45	43.4	7114.14	508.15	11.32	24.62	345.051	56.565	2.495
28b	280	124	10.5	13.7	10.5	5.3	61.05	47.9	7480	534.29	11.08	24.24	379.496	61.209	2.493
32a	320	130	9.5	15	11.5	5.8	67.05	52.7	11075.5	692.2	12.84	27.46	459.93	70.758	2.619
32b	320	132	11.5	15	11.5	5.8	73.45	57.7	11621.4	726.33	12.58	27.09	501.53	75.989	2.614
32c	320	134	13.5	15	11.5	5.8	79.95	62.8	12167.5	760.47	12.34	26.77	543.81	81.166	2.608
36a	360	136	10	15.8	12	6	76.3	59.9	15760	875	14.4	30.7	552	81.2	2.69
36b	360	138	12	15.8	12	6	83.5	65.6	16530	919	14.1	30.3	582	84.3	2.64
36c	360	140	14	15.8	12	6	90.7	71.2	17310	962	13.8	29.9	612	87.4	2.6
40a	400	142	10.5	16.5	12.5	6.3	86.1	67.6	21720	1090	15.9	34.1	660	93.2	2.77
40b	400	144	12.5	16.5	12.5	6.3	94.1	73.8	22780	1140	15.6	33.6	692	96.2	2.71
40c	400	146	14.5	16.5	12.5	6.3	102	80.1	23850	1190	15.2	33.2	727	99.6	2.65

续表

型号	尺寸/mm						截面面积/cm²	理论重量/(kg/m)	参考数值						
									x—x				y—y		
	h	b	d	t	r	r_1			I_x/cm⁴	W_x/cm³	i_x/cm	$I_x:S_x$/cm	I_y/cm⁴	W_y/cm³	i_y/cm
45a	450	150	11.5	18	13.5	6.8	102	80.4	32240	1430	17.7	38.6	855	114	2.89
45b	450	152	13.5	18	13.5	6.8	111	87.4	33760	1500	17.4	38	894	118	2.84
45c	450	154	15.5	18	13.5	6.8	120	94.5	35280	1570	17.1	37.6	938	122	2.79
50a	500	158	12	20	14	7	119	93.6	46470	1860	19.7	42.8	1120	142	3.07
50b	500	160	14	20	14	7	129	101	48560	1940	19.4	42.4	1170	146	3.01
50c	500	162	16	20	14	7	139	109	50640	2080	19	41.8	1220	151	2.96
56a	560	166	12.5	21	14.5	7.3	135.25	106.2	65585.6	2342.31	22.02	47.73	1370.16	165.08	3.182
56b	560	168	14.5	21	14.5	7.3	146.45	115	68512.5	2446.69	21.63	47.17	1486.75	174.25	3.162
56c	560	170	16.5	21	14.5	7.3	157.85	123.9	71439.4	2551.41	21.27	46.66	1558.39	183.34	3.158
63a	630	176	13	22	15	7.5	154.9	121.6	93916.2	2981.47	24.62	54.17	1700.55	193.24	3.314
63b	630	178	15	22	15	7.5	167.5	131.5	98083.6	3163.98	24.2	53.51	1812.07	203.6	3.289
63c	630	180	17	22	15	7.5	180.1	141	102251.1	3298.42	23.82	52.92	1924.91	213.88	3.268

习题答案

全书习题参考答案